幸福的女人

于晓 编著

煤炭工业出版社
·北京·

图书在版编目（CIP）数据

幸福的女人／于晓编著．－－北京：煤炭工业出版社，2018
ISBN 978－7－5020－6826－4

Ⅰ.①幸…　Ⅱ.①于…　Ⅲ.①女性—幸福—通俗读物　Ⅳ.①B82－49

中国版本图书馆 CIP 数据核字（2018）第 185168 号

幸福的女人

编　　著	于　晓
责任编辑	高红勤
封面设计	荣景苑
出版发行	煤炭工业出版社（北京市朝阳区芍药居 35 号　100029）
电　　话	010－84657898（总编室）　010－84657880（读者服务部）
网　　址	www.cciph.com.cn
印　　刷	永清县晔盛亚胶印有限公司
经　　销	全国新华书店
开　　本	880mm×1230mm $^1/_{32}$　印张　$7^1/_2$　字数　200 千字
版　　次	2018 年 9 月第 1 版　2018 年 9 月第 1 次印刷
社内编号	20180358　　　　定价　38.80 元

版权所有　违者必究

本书如有缺页、倒页、脱页等质量问题,本社负责调换,电话:010－84657880

前　言

在既漫长又短暂的人生路上，女人曾经拼搏过，也曾失落过；曾经笑过，也曾经哭过；曾经怦然心动过，也曾经黯然神伤过。花开花落使女人疲惫，风花雪月让女人憔悴。世事纷乱，滚滚红尘，磨砺着女人细腻柔软的心，岁月不只深刻在女人的脸上，更沉淀在女人的心里。在今天激烈的社会竞争面前，许多女人不得不面对残酷的工作压力和家庭生活的挑战，在家庭与事业、理想与现实之间，时常会感觉迷茫和疲惫，心灵在现实中飘荡，梦想在忙碌中枯萎。在这种情况下，如何能获得幸福呢？女人需要修炼幸福的气质。

幸福是一种气质，是一种源自充满希望和感知的心灵，实现于勤劳、灵巧的双手，展现于温暖脸庞、和谐四肢的由内而外

的气质和美感。蕙质兰心的女人,懂得爱与被爱的女人,内心踏实并满足没有过分贪欲的女人,拥有朋友并能与人分享快乐的女人,被人信任和肯定的女人,既聪明又懂得包容的女人,自立智慧的女人都流露着幸福的气质。

幸福是女人一生追求的目标,女人的幸福必须靠女人自己来争取。本书从心态、健康、美丽、智慧、情感等角度来阐释成就女人一生幸福的方法与原则,以帮助广大女性朋友塑造自信乐观的心态,打造美丽迷人的个性,培养高雅的修养与品位,培育出色的智慧,从而成就辉煌的事业,收获美满的爱情和婚姻,步入幸福如意的人生。

目 录

|第一章|

撒娇的女人

女人要撒娇 / 3

女人会撒娇，魅力四处漂 / 7

撒娇是一种爱的方式 / 13

撒娇也有诀窍 / 18

|第二章|

女人的风采

美丽是一种态度 / 25

化妆点缀女人的千娇百媚 / 28

打扮丰富女人的生命 / 31

美丽是一种由内而外的气质 / 34

快乐女人最美丽 / 37

女人因自信而美丽 / 40

温柔是一种艺术 / 42

智慧演绎女人的风情万种 / 44

得不到的永远最好 / 46

假装不在乎他，让他更在乎你 / 49

让男人有保护你的欲望 / 52

做一枝带露珠的花 / 55

男人的苦也要分享 / 59

幽默是生活的调味剂 / 61

幽默是一种魅力 / 70

目 录

|第三章|

经营婚姻

制造浪漫,俘获他的心 / 79
情话免费,但无价 / 84
多点亲昵,多点幸福 / 89
送一份礼物,换一份柔情 / 94
距离不一定产生美 / 99
女人的柔弱也是一种武器 / 103
女人在男人面前不要太强势 / 105
女人要懂得示弱 / 110
用温柔的态度做事 / 116
爱情不必追逐,恰到好处就行 / 119
少一分唠叨,多一分理解 / 122
敞开心扉 / 125
多给对方一些赞扬 / 129
穿什么样的鞋,自己知道 / 132
爱情要把握,婚姻要经营 / 135

要有秘密 / 141

爱情不要追究太深 / 147

给对方留空间 / 155

|第四章|
幸福的女人

平淡才是幸福 / 165

不要轻易"红杏出墙" / 171

不要让他感到孤独 / 175

幸福需要体贴 / 178

飞越婚姻之痒 / 182

下得厨房，上得厅堂 / 194

厨房是女人的舞台 / 197

要抓住男人，先抓住他的胃 / 201

不要失去闺密 / 206

目 录

处理好婆媳关系 / 217

婆婆面前，多给丈夫面子 / 224

多和婆婆交流 / 227

第一章

撒娇的女人

第一章　撒娇的女人

女人要撒娇

曾在一本男性读物上看到这样一句话："漂亮女人在你面前撒娇，尽管她求你办的事心里早已应允了，可还是要故意刁难一下；若丑女有事在你面前撒娇，你会毫不犹豫地答应下来，为的是让自己少受些折磨。"或许这只是一句略带有幽默性质的玩笑话，但从另一个侧面反映出一个事实，撒娇是女人的专利，无论是美女还是丑女，对于男人来说，都具有必杀的

功效。

其实，长久以来，撒娇都被认为是女人所专有的属性，就像"烟柳画桥，锁窗朱户"只能是江南，而如雪的沙尘只会在大漠里出现一样，撒娇的女人总能给人一种别样的风情。会撒娇的女人，举手投足间总会散发出一种特别的女人味，总能在彼此之间营造出一种如朦胧般的暧昧气氛。但凡男人，都爱煞了女人微撒着嘴角，亦怒亦嗔地跺下小脚，转身不再搭理人的样子。每当看到女人这副样子，无论是粗犷威武还是老成持重的男人，都会情不自禁地俯下身子来。

上天创造了男人，在他们的性格里注入了野性的元素，让他们去战斗，去征服世界；可另一方面，为了使世界不至于因男人的争斗而变得一片狼藉，于是上天又创造了女人，在她们的性格里注入了如水的成分，赐予她们撒娇的本事，让男人能在她们面前安静下来。

男人们不喜欢邋遢的女人，讨厌拖拉的女人，对唠里唠叨的女人深恶痛疾，却从来没有哪个男的说自己非常厌恶女人撒娇的。当一个女人在男人的耳边说："人家这样，就是不想跟你分开嘛……好啦好啦，下次不再这样使性子啦！"相信任何一个男人都会在顷刻之间，把百尺钢化成绕指柔的。或许有的

第一章 撒娇的女人

男人会在事后这样想:"天啊,我就这样被这个爱撒娇的女孩俘获了!"可是,那又能如何呢?谁让男人天生就同是离不开水的鱼,与其在岸上因干渴而死,还不如沉浸在女人的柔声细语中呢!

相当长的时间里,人们的意识中都认为撒娇只是漂亮女人的事。确实是这样吗?或许也是,若让孙二娘那样的女人来模仿西施的言行举止,结果只能是比东施还东施,不要说邻里们见到后会关门闭户了,恐怕到时在剧烈呕吐之后,连关门闭户的力气都没有了。但是咱们关上门来讲,难道孙二娘在和丈夫张青独处的时候,就不撒娇吗?以张青对婆娘那种言听计从的态度来看,孙二娘在张青面前会撒娇恐怕是不能避免的。从这个意义上说,孙二娘完全没必要像西施那样,心口疼时用手捂着胸口,双眉微微皱起,弄出一副软弱可怜的样子来。撒娇是女人的天性,就是说每个女人都具有的能力,并不一定只是漂亮女人才有的特权。

其实,漂亮只是表层的东西,必须以更为深沉的内容来加以烘托,而女人味才是一个女人的真正内涵。女人不一定非要多么漂亮,这个世界上漂亮的花瓶多的是,只有懂得如何表现出自己的女人味,也就是懂得如何撒娇,才可以让自己成为一

个很有魅力的女人。

　　如果把女性的羞涩比作是一朵映日的桃花，总是在春风里掩藏着她的赧颜，那撒娇的女人则如同是生长在堤岸的杨柳，总会给人一种依依的感觉，任凭你走到多远的地方，心底里总会有某根神经被牵扯着；无论你欣赏到多么美丽的风景，总难以割舍那份脉脉温情。

第一章　撒娇的女人

女人会撒娇，魅力四处漂

很多文学作品里，总喜欢用水来比喻女人，如温柔似水、凝脂赛雪等。其中尤以《红楼梦》里的贾宝玉为甚，他曾说过这样的话："女儿是水作的骨肉，男人是泥作的骨肉。我见了女儿，我便清爽；见了男子，便觉浊臭逼人。"甚至于他还认为："天地灵秀之气只钟于女儿，须眉男子不过是渣滓浊沫而已。"

或许千百年来，只有贾宝玉才会说出这样的混账话来，但

是凭心而论，其实每个男人的心里面都较喜欢那些如水性格的女人，尽管这样的女人会使些小性子、爱撒娇，但在男人的眼中，这反而使她们更具有魅力。这是男人的天性使然，就像草原上的狮子总会把羚羊当作猎物一样。

男人们在谈论起女人时，总会说某某特别有女人味，娇滴滴、水嫩嫩的，甚至也有的男人会用上"一掐都能掐出水来"这样的形容词。当然，这样的行为是应当被禁止的，哪能见个娇嫩的女人就上前掐一把，看看能不能掐出水来呢！但有一点是可以肯定的，假使男人果真是泥作的，那女人一定就是水作的，不然男人早就由于缺乏水分而干裂成荒漠了。

两个人相处时，女人撒一分娇，就会多一分情趣，关系也就会愈加亲密。这与女人的年纪和相貌没有多大的关系。一个男人，既然已经把一个女人娶回家做自己的妻子，就已经证明这个女人在他心中的分量了。

或许，男人们在年轻的时候，会把一个女人的身材和脸蛋当作他们选择未来老婆的标准，从而把人品、性格、脾气等这些方面放在其次，可是当结婚之后，随着日子一天天的过去，他们会逐渐明白这样一个道理：真正适合自己的女人不一定要有多么诱人的身材和漂亮的脸蛋，无论一个女人外表长得如何

第一章　撒娇的女人

漂亮娇美，若没有包容心和好的脾气，不懂得撒娇，说起话来硬邦邦的，日子也是没法过的。

婚后，很多女人总感到迷茫，她们搞不明白，没结婚之前，丈夫是那么爱自己，宠着、娇惯着自己，可一旦结婚之后，丈夫就像是变了一个人似的，开始忽视自己，开始不再理会自己的小情绪。有的女人由此得出丈夫不再爱自己的结论，于是开始在家里大吵大闹；有的女人则认为生活就是这样的，于是也就以同样的态度来对待丈夫，来对待生活。

其实，并不是丈夫真的不再爱自己的妻子了，而只是因为妻子把家当成了一个宫殿，而把自己当成了一个等人伺候的公主，满心里只想着得到丈夫更多的关心和呵护。殊不知，在家庭生活中，丈夫在心理上比妻子更需要一种被伺候的幸福，被宠爱的温馨。人们都把家比作是一个温暖的港湾，因此妻子们切不可忘记，不光自己有从这个港湾里得到温暖的需要，丈夫比自己更有需要。

很多女人在结婚之后，大多会在丈夫身上发现这样一个现象：有些时候，他就像是一个没有长大的孩子，总要时不时地撒一下野。尤其是那些初为人妻的女人，往往为此伤透了脑筋，可仍旧是一筹莫展。当夫妻之间发生一些小矛盾或意见不

合时，大多数情况下丈夫会让着自己，可有些时候他却一反常态，一副不到黄河心不死的样子非要跟自己争辩出个所以然来，致使本来一件微不足道的小事，结果弄得大吵一架，不欢而散。

每个人的心里面，自己都是一个长不大的孩子，在这方面，比起女人来男人尤甚。他们往往不喜欢有一种被束缚的感觉，大多数情况下他们会很理智，可也免不了有钻牛角尖的时候，而且一旦钻了进去，就撞得头破血流，也是鸭子的嘴巴，煮熟了也死硬的。

其实，这个时候，作为妻子，大可不必非要针尖对麦芒，一定要让丈夫承认是他错了。毕竟家庭不是立法院，无须长篇大论地讲道理，也没必要一定要争得面红耳赤，直至让对方哑口无言才是自己的胜利。相反，若这样做了，恰恰是一个女人的失败之处。

此时，最好的办法就是扑到丈夫的怀里，撒一撒娇，收到的效果往往是意想不到的，一百个男人面对此情此景就有一百个被软化，不会再做无谓的坚持，因怜爱而作出让步，于是夫妻间的硝烟也就在顷刻间烟消云散了。兵书上说"不战而屈人之兵，善之善者也"，虽然夫妻之间不应该运用什么计谋，可

第一章　撒娇的女人

既然有这么好的效果，用用又何妨呢？

当然，夫妻之间应该坦诚相待，但这并不代表就不可以使一些无伤大雅的小伎俩。其实，很多时候人们之所以会对婚姻失望，就是因为他们把生活过得比水面还平静了。千万不要忘记，虽说常喝白开水确实有益健康，但人们还是喜欢喝饮料。在两个人的生活中，的确需要刻意地去搞一些小情调，在两人之间营造出一种亲密的氛围。

当爱情走进婚姻的殿堂之后，一切好像都已尘埃落定，一切也都好像变得理所当然了。可需要警惕的也正是这些"好像"，因为婚姻是需要用心经营的，而那些"好像"也仅仅像是浮在水面上的落花。在生活中，你要想让自己的周围花团锦簇，就必须自己种植花卉。同样的道理，一个女人要想过上甜蜜的生活，就必须在丈夫的心中种下甜蜜的种子，而撒娇就是能让生活愈加甜蜜的种子。

两个人的生活中，妻子适度地撒一下娇，不但不会引来丈夫的厌烦，还会从心底里萌生出无比的怜爱之情。只是在撒娇的时候，有一点必须注意，切不可使娇滴滴的自己成为刁蛮、任性的代名词。例如下班后，丈夫说自己累得够呛，让妻子去做饭，A女士听后直眉瞪眼地嚷道："你上了一天班累，我也

上班,也累了一天了,凭什么伺候你?"而B女士却面带笑容地凑到丈夫身边,说:"好老公,我今天也累得够呛,楼上楼下地跑了好多地方,你看,小腿都跑肿了。"

试想一下,A、B二位女士的夫君哪一位更愿意被支使呢?结果自然不言而喻,B夫君即使果真累得不行了,也会挣扎起来,屁颠屁颠跑进厨房去给B女士做饭。而A夫君即便也会去给A女士做饭,那也是心不甘情不愿,只是为了不在劳累了一天之后,回家还要跟老婆吵一架。可这样的情况又能持续多久呢,A夫君总有不能忍受的一天。

在这个世界上,所有事物都是相克相生的,女人若发挥好了撒娇这一天性,也就等于掌握了克制男人的方法,且这种方法一旦掌握,用一辈子都不会因过期而失去功效。

会撒娇的女人,一定是一个温柔的女人,更是一个可爱的女人,不仅在最大的程度上满足了男人的成就感,使其更具豪情和自信,还在不动声色间化解了两个人的矛盾,为生活增添了无穷的乐趣。

第一章　撒娇的女人

撒娇是一种爱的方式

很多婚后的女人都会发现在老公的心目中，工作和事业成为了他们生活的重心，而自己却被放在了次要的地位。尤其是对于那些新婚不久的年轻妻子来说，这样的改变简直让她们难以忍受。那么，是什么使男人发生这样的改变呢？是因为不再爱自己的妻子了吗？不是的。每一个女人都必须知道，工作和事业是男人塑造个人形象、实现个人价值的重要途径。

身处在当今这个竞争异常激烈的生存环境之中，男人需要用工作和事业上的成绩来证明自己。只是一个人的精力毕竟是有限的，在投入工作的同时，对妻子可能就会有所疏忽。这并不能说明男人不再爱自己的妻子了，相反更是珍惜两个人组建家庭的体现。毕竟只有工作和事业上有所建树，才能有稳定的物质基础，使两个人过上安定、富足的生活。男人用心工作，其实正是深爱妻子的表现。

因此，作为妻子，此时不但不应该心怀不满，抱怨丈夫因为太过于投入工作，而冷落了自己。这样的话语或者神情尤其不要在丈夫面前表现出来，不然会令丈夫感到灰心。当然，一些小小的不满或者埋怨还是可以发泄一下的，只是要注意方式，最好的办法是撒一下娇，再楚楚可怜地伏在他的怀里，说一些安慰的话。这样不但告诉丈夫自己比他的工作和事业重要，也不会使其有不被理解的感受。

长期以来，无论是在家庭生活中还是社会上，男人都在极力为自己营造出一种"树"的形象，这样会使他觉得自己更具男子汉风度。因此，无论经受怎样的压力和重担，他们都用沉默来面对，其实他们内心里面都渴望能够得到妻子有情、有弹性、有包容心的关怀。尽管男人从不会把痛苦写在脸上，也不

第一章　撒娇的女人

喜欢把失落感带回到家里去，但他们需要一双温柔的手，来为自己疗伤。

其实，这时男人所需要的仅仅是妻子几句慰藉的话语，谅解他们的小错或疏忽，不要动辄就经受一番指责或臭骂，能从包容、关怀的角度来安慰自己。因此，作为妻子，不妨在丈夫面前撒一撒娇，娇嗔中透着痴情，这样不但能使丈夫乐于接受并承认自己对老婆的疏忽或漠视，还能让他那沉重的心灵重新经历一番波涛的澎湃，让他的内心深处能感觉到暖流的涌动。如此一来，在增加两人感情的同时，又达到了自己的目的，何乐而不为呢？

妻子在丈夫面前的撒娇，是一种表达自己爱意的方式，尽管言行会显得很幼稚，但憨态中蕴含着的那份爱恋和依赖，是每一位丈夫都能读懂，并觉得很受用的。在夫妻生活中，妻子的撒娇就如同是菜肴的调味品，不仅能使丈夫在疲于奔波的人生旅途中获得轻松、欢快的感受，更能强烈地激发出丈夫对自己爱和呵护的情愫。

美国知名心理学家威廉斯说："世上每个人都需要别人的关怀和注意，这是千古不变的道理。"在夫妻之间，这样的关怀和注意尤其不能缺少。每一个成功男人的背后都有一个好女

人，同样的道理，我们也可以说每一个失败男人的背后都有一个坏女人，只是这个女人的坏不一定表现在品质上，很大程度上是由于这个女人不懂事又不会撒娇。因此，在男人陷入低潮或压力过大时，她们不但没表现出自己的关怀，还拼命以刻薄的言语奚落，甚至大吵大闹。这也难怪很多男人在这种内外交迫的情况下，毅然选择结束这段感情，无论付出多大的代价。

一位妻子和丈夫离婚之后，逢人就诉苦说："这么多年来我为他辛辛苦苦，做牛做马，可他一有钱就把我抛弃了，去找别的年轻女人。男人没有一个是有良心的。"

结婚的时候，她的丈夫虽然只是一个推销员，却对自己的前途满怀信心，每天都对工作充满着热情。她却对丈夫百般挑剔，不是嘲笑他的工作，就是轻视他日常的行为习惯。每当丈夫拖着疲惫的身躯回家，希望得到她的鼓励和支持时，她总是劈头泼下一盆凉水："今天的生意怎么样？肯定又挨了老板一顿批评吧？这个月拿不到提成了吧？我想你应该知道房租又要到期了！"

丈夫的生意慢慢有了很大的进步，但婚姻却越来越举步维艰，终于有一天，丈夫在忍无可忍之下提出和她离婚，并爱上了另外一个女人。

第一章　撒娇的女人

在夫妻关系中，没有任何一方能长时间忍受对方的吹毛求疵或尖酸刻薄，更没有哪一方能长时间忍受对方无情严厉的苛责和咄咄逼人。在男人的心里面，一直都认为只有心里爱自己的女人才会在自己面前撒娇，而动辄就对自己横挑鼻子竖挑眼的女人，肯定是不爱自己，最起码也是对自己不满意的表现。于是，男人天天过这样的生活，最终的结果只有一个，那就是逃跑。

幸福的女人

撒娇也有诀窍

世界上有很多令人不可思议的事情，就像那柔弱的水滴，长时间地滴下去，居然可以在坚硬的石头上穿出一个洞来……只是不可思议归不可思议，柔能克刚却是不变的真理，必须承认，世界上的事情往往就是这么神奇。

在男人与女人之间，这样神奇的事情也屡见不鲜，我们常见一个五大三粗的壮汉，居然对一个娇小的女人俯首帖耳，这

第一章　撒娇的女人

与其说是爱情的魅力，倒不如说是这个娇小的女人抓住了这个男人的心更贴切些。

女人天生就有两大抓住男人心的法宝，一是眼泪，一是撒娇。古人用"梨花带雨"来形容女人哭时那分可人的样子，只是眼泪这个法宝用起来美是美，可用多了、用久了未免会失去功效。因为慢慢地男人就会觉得女人的眼泪就如同是一种要挟，尽管不得不俯下身子去迁就，怕她真哭出个好歹来倒是其次，要是被旁人听到了，还以为自己一个大男人怎么欺负一个女人了呢！可是在心里，却免不了会生出一种抵触的情绪来，而之间那份亲密无间的感觉也会大打折扣。

而撒娇则不同，不但不会让男人觉得腻歪，还会使其每次都有新鲜的感觉，就仿佛是嘴里含着一块儿糖果，唇齿间总能有甜蜜的感觉。因为一个女人对一个男人撒娇，不仅表达了深深的爱意，还会使他有一种被依赖被需要的感觉，而这种感觉更会使其有一种大男人的豪迈，觉得很有面子。

不要以为男人有着阳刚的特质，好像什么困难都不会使他们屈服，其实在情感上他们也有着比较单纯的一面，柔弱娇憨的女人最能满足他们的大男人心理，让他们觉得自己就如同是顶天立地的英雄，心底里不但会升腾出万丈豪情，更会使保护

与怜爱妻子的心理空前高涨。

　　因此，女人要想使自己成为一个好妻子，就要懂得撒娇、学会撒娇，这绝对是一剂百试不爽的保持婚姻新鲜度的良药。尤其是当夫妻两人争吵时，女人若是能够拿捏好时机撒个娇，立刻会收到出奇制胜的效果，这也是一个以退为进的最好手段。

　　当然，女人的撒娇，并不是要女人放弃独立的思想和人格的尊严，也不是把丈夫当成万能的靠山，而是指女人与爱人共同用心去营造的一种生活。换言之，撒娇只是精神情感上的归依。另外需要注意的是，女人切不可把撒娇用得过于泛滥，要懂得适可而止。就像一道可口的菜肴，第一次吃或许会觉得美味无比，若接连让你吃几天，美味的感觉百分之百就不会再有了，若一成不变地让你吃上一两个礼拜，不要说美味的感觉了，不呕吐已经是好事了，若再长些时间，恐怕就宁愿选择饿死了。

　　南唐后主李煜在他的词中对女人的撒娇就有过这样的描写："绣床斜凭娇无那。烂嚼红茸，笑向檀郎唾。""画堂南畔见，一向偎人颤。奴为出来难，教君恣意怜。"当时读完，真的骨头都酥了，可见女人的这一娇，使多少男儿为之沉醉，也揉碎了多少男人的豪情！所以有了"英雄难过美人关"的俗

第一章 撒娇的女人

话，试想那些笑傲天下的英雄们，要难过也只能是这样娇滴滴的女子，一颦一笑中透露出对他们无限的依恋和痴情来，而绝不会是那些泼妻怨妇，不然早就像《水浒传》里的好汉那样，你要是胆敢再在我耳边聒噪一句，我可真就手起刀落了。

可见，一个女人最美的地方不一定是容貌，一个女人最能拴住男人心的手段就是懂得撒娇，懂得借撒娇来表达自己对对方的爱和情意。毕竟每个男人都知道，只有女人对自己有一颗火热的爱恋的心，才会将所有的温婉、柔情都如同清澈的溪水般自然地流淌而出，也才使撒娇有所依托，并显现出浓厚的情感来。在夫妻生活中，如果妻子是一个懂撒娇、会撒娇的女人，生活无疑将备感甜蜜。只是任何事情都有其两面性，撒娇也要适度，也有需要注意的方面：

（1）撒娇不是任性。如果一个女人的撒娇是出自她的任性，撒娇就会变得肆无忌惮，爱就会因此走向反面。

（2）撒娇并非做作。有的女人以为撒娇就是发嗲，于是故意将声音拉高八度，拖长尾音。殊不知，这样做作会让丈夫很不舒服。

（3）撒娇不等于要挟。那些借着撒娇来实现自己目的的女人，无疑是愚蠢的，而若以"性"作为砝码，尤其是愚蠢至

极。

（4）撒娇是要让他心疼，而非令他感到头疼。这是女人撒娇尤其要注意的地方。

（5）撒娇是依恋的表现，而非依赖。如果拿撒娇当维系夫妻感情的唯一武器，长此以往，对方会有一种错觉，以为你是永远长不大的小女孩。

第二章

女人的风采

第二章　女人的风采

美丽是一种态度

　　真正的美丽并不在于外表，而是一种热爱生活、热爱生命的态度。

　　西晋时有一位将军，幼年与伙伴一起玩耍时，曾在家门口种下了一棵槐树苗。后来他参军入了伍，在战场上冲锋陷阵，几经拼杀，从一个无名的小卒成为了一名战功赫赫的将军。再次回到家乡，儿时的伙伴有的早已死去，活着的也都老态龙钟，被儿孙

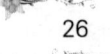

搀扶着走出家门。门前的那棵槐树苗也已长成三个人都合抱不过来的大槐树了,树干上斑斑驳驳的。目睹这一切,这位将军止不住泪流满面,悲叹道:"木犹如此,人何以堪!"

是啊,岁月真是个无情的东西,它毫无声息,也不动声色,只是一如既往地在四季的交替中流逝着,依旧是风清云淡的天际,依旧是花好月明的美景,而人却早已从稚稚童子变成两鬓斑白的老人了。

羊牯做太守时,一次与下属登上城外的一座高山远望山景,回头跟人说:"古往今来,曾有多少志士达人就如我们现在这样站在这里,如今都已泯然而逝了;我们之后,又会有多少后人像我们现在这样站在这里,眺望着同样的景色……"说着,止不住掩面而泣。

这样的感慨,作为后人登上此山的杜甫也曾有过,只是他在诗中却言道:"人事有代谢,往来成古今。江山留胜迹,我辈复登临。"相较于羊牯来说,杜甫就显得很看得开了。既然地方上有这样的美景,管他之前有多少人登上过,后来还会有多少人要登,自己先登上去心情舒畅地观赏一番才是最要紧的;既然人世间生生死死是常事,时间也不会因不愿它离开而留下,与其无济

第二章 女人的风采

于事地哭哭啼啼，还不如尽情去享受当前的生活。

　　道理就是这么简单，生命如是，爱情如是，婚姻如是，家庭如是，对待自己也如是，只有当你试着以另外一种截然不同的态度去看待时，内心的感触才会由此而不同。生命就犹如是一次没有回程的旅行，我们也无法让自己只滞留在某个风景前，何况即使果真能这样，也未必就是件好事。

幸福的女人

化妆点缀女人的千娇百媚

　　每一个女人都希望自己青春永驻，尽管她们也清楚地知道，有这种希望的同时其实也就等于跟失望画上了等号，可还是想紧抓着青春的尾巴不放，并为此而绞尽脑汁。

　　诚然，任何一个妙龄女孩都是美丽可爱的，可是我们又不能漠视岁月的无情，它会于无形之中残酷地改变着女人的存在形式，把女人玲珑凸透的曼妙身材风干成平坦骨架，圆润多

第二章　女人的风采

姿的饱满脸蛋演化成老气横秋的粗糙"树皮"。于是，化妆便成了女人外表的遮羞布，女人希望能借此与岁月展开抗争。可是化过妆之后，女人的担心又出现了，怕万一不小心，一滴眼泪或是一滴汗水都可以让自己变成个花脸猫，可是若不化妆的话，整个人就会显得很没自信，就如同一下子跌到了谷底一样，藏头露尾地不敢见人。

这些女人在不知不觉中让自己成为了岁月的傀儡。这的确是一件可悲的事。她们为自己构建起一个外表有很好的伪装的小世界，却始终无法在这个小世界里舒展自我，更为可悲的是，她们身上原本具有的自然灵气也由于化妆而消失殆尽了。随着岁月的流逝，她们也就愈加觉得缩手缩脚，于是也就愈加需要借助一些化妆品来"锦上添花"，好让当自己站在外人面前时，是一副自信满满的样子，可另一方面，当她们回到家里，独自一个人站在镜子面前的时候，心里总会涌上来一丝悲哀，默默祭奠着自己日益被化妆品腐蚀的脸蛋和灵魂。

其实，女人大可不必如此糟蹋自己，容颜的苍老并不是化妆品能够补救得过来的，而美丽也不会只局限在一张脸上。在任何一个街头的熙攘人群里，我们经常会看到一些长相平常的中年妇女，很细致地挽着发髻，脸上稍微化了几许淡妆，举手

投足间展现出一种从容而优雅的气质，总会给人一种赏心悦目的感觉。或许她们展现出来的那种美，虽不会如少女那样，仿佛一朵在晨雾里含苞待放的粉红花蕾，却绝对是盛开在水塘里的映日荷花。

每每于此，我都会在心里忍不住发出惊叹，很希望多年后自己的身旁也能拥有这样的一分美丽。或许，那时我已成了一个满脸皱纹、人见人弃的糟老头儿，可只要能拥有这样的一分美丽，也不枉我在这滚滚红尘中为她忙碌奔波一生了。

第二章　女人的风采

打扮丰富女人的生命

有这样一个女人，她在离婚伊始的那段难挨时光里，变得沉沦、颓废，完全没有了女人应有的样子。随便穿件衣服了事，对于服饰的搭配不再像以前那样考究，不再保持头发的整洁光鲜，更不会记得只需一支唇膏就可以将自己毫无血色的嘴唇变得丰润……

偶尔的一天，在马路上她与前夫不期而遇。前夫依旧衣着

光鲜,头发梳得一丝不乱,一副气色绝佳的样子。两人停住说了几句话,她从前夫的眼睛里看到了就如同他对待陌生人一般的轻视和鄙夷,还有一些轻微的庆幸,这让她几近绝望。

回到家后,她顾影自怜地端详着自己,在镜子里她看到了一个与原来那个光鲜靓丽的自己完全不同的女人,眼神黯淡无光,脸上毫无血色,衣着邋遢,整个人显得十分颓废。这时,前夫那冷淡的眼神又在她眼前出现,她一下子幡然醒悟了,原来这一场不幸的婚姻不但让她失去了丈夫,也让她失去了自己。

于是,她强迫自己振作起精神来,并立刻去烫了头发,还染了自己以前一直喜欢却不敢尝试的发色;她开始注意自身的形象,关注化妆美容方面的知识,并开始锻炼身体。伴随着她一天天的改变,美丽也随之一点点地逐渐回到了她的身上。不久,在镜子前她又变成原来那个气质优雅的女人了。看着自己的改变,她又找回了自信的感觉。

半年后的一个夜晚,她的手机里来了一条新短信,打开看,只是聊聊几个字:"现在的你,美丽不减当年!"刹那间,她忽然有种热泪盈眶的感觉。那是他前夫发来的短信,那

第二章 女人的风采

个久违的手机号码，她等了很久。

或许，当经历过一段不幸的婚姻和爱情之后，都会给人留下一道伤疤，或长或短，尤其是对于女人来说，即便能渐渐释然，也会成为心底里一处不愿被别人触及，自己也尽量绕开的区域。想想也是，毕竟那么美好的岁月，那么真挚的情感，就那样燃烧了且不留灰烬！可这并不应该是一个女人沉陷，不再注重自我的理由，就算过去如何使自己念念不忘，终究已是过去，且不是还有以后的日子未曾去经历吗？一个女人的美，不只在于她完整时的圆满，还在于她不完整时所展现出来的那份自尊和自信，何况又有谁能够肯定这时的不完整不是为了下一个完整呢？就像花儿一样，只有在凋谢之后，才能迎来下一个春天。

真正的美丽并不在于外表，而是一种热爱生活、热爱生命的态度。

美丽是一种由内而外的气质

或许，每一个女人的内心里面，都期待在自己的一生中会发生这样的一副场景：有一天，在一处公共场所的大厅里，有一个男人向你走来，他主动介绍自己，他对你说："我认识你，我永远记得你。那时候，你还很年轻，人人都说你美，现在，我是特为来告诉你，对我来说，我觉得现在的你比年轻的时候更美，那时你是年轻女人，与你那时的面貌相比，我更爱

第二章 女人的风采

你现在备受摧残的面容。"

可惜，这只是小说《情人》中开头的一段话。或许有人会觉得这样的文字太过于矫情，然而又有谁能分辨得透彻明白，风华正茂和饱经沧桑哪个更美丽呢？也不能否认，这段文字触动了许多人内心深处最秘密的地方，尤其是对于女性而言，当年轮在她们身体里一圈圈加重，当白发褪尽了韶华，她们多希望能有一个男人这样走近自己的身边，说出类似上面的一些话，让她们知道自己年轻有年轻的美貌，年老有年老的魅力。

或许在每一个女人的生命当中，不都会有这样的一个男人出现，可这也不妨碍经历过许多之后，女人依然可以笑着对自己说："我，曾经美丽过，现在我仍然美丽如故。"

美丽是一种对待人生的态度。无论你的容貌怎样，你都可以拥有这样的一份美丽。漂亮是父母给予的，而美丽则是自己创造的。

靳羽西是美籍华人，可以说她并不漂亮，但她却是美丽的。她有一种气质的美，美得从容，美得平静，这其中包含了女人所有的优良秉性。多年前，她在美国出席一次重要的演出。在演出前，有人告诉她，她的丈夫正在和一个女人约会，听后，她泪流满面。然而展现在观众面前的她，却是一个平静

如水的优雅女性。对于几分钟前她所遭受的心理风暴，观众无从知晓。

　　正是这样的一位女人尤为令人尊敬。她的低调、坚强，就是人世间的一种美。一旦它在某个人身上凝结，其他人便无法抢走，就如同一棵树深深扎入土地，一旦根深叶密，就很难被挖走了。

　　美丽是一种由内而外散发出来的独特气质，即便经受过岁月的风霜、风雨的侵蚀，反而更加历久弥香，也更加的弥足珍贵。

第二章 女人的风采

快乐女人最美丽

　　无论是在爱情还是婚姻中，女人都应该明了这样一个道理：只有爱自己，才值得别人去爱。

　　快乐是一种在积极的心态下努力去获取的过程，它并不是封闭式的自我陶醉，而是指一种可以轻松自然地体会自我、驾驭私生活的心情。女人的快乐从何而来？温馨的家庭使女人快乐，富有挑战性的工作使女人快乐，在自己愿意做的事情中

幸福的女人

感受快乐，在对人生的感悟中体味快乐，在丈夫与儿女的谈笑间，在温馨的灯光下，安静的课堂上……生活里，有许多东西是人无法改变的，或者说，与其你要改变生活里别的东西，不如改变自己，让自己快乐起来。

拥有快乐的女人，也许她不是最出色的，但却是懂得生活真义的人。也许她不是漂亮的女人，但却是健康可爱的，更是幸福的。假如一个漂亮出色的女人不快乐，那么她的漂亮与才干又有什么意义呢？快乐的女人拥有一颗快乐的心。

快乐女人有着一颗平和的心。她们从不对生活不满，更不会在追求一些东西的过程之中抛弃快乐。

快乐女人的脸部呈现出来的表情是放松愉快的。她们的生活很有情趣，尽管平凡但却充满了甜蜜的味道。

快乐女人有着一颗爱人的心。与她接触的人不会感觉到沉重，相反，犹如春风拂面，给人带去一份轻松与惬意。

快乐女人有着一种无形的力量，吸引着你走近她。她们热爱生活，知道如何能让生命更有意义地度过。

快乐女人有自己的理想。她们既不依靠别人，也不自怨自艾。她们会按照自己的既定目标一如既往地前行。

快乐女人很容易满足。她们心怀感激，为自己已拥有的一

第二章　女人的风采

切感谢上苍。她们不盲目攀比，更不让自己变得愚蠢。她们也会与别人比较，但内容却是如何更快乐、更充实。

快乐女人活在今天。她们只为今天做一些行之有效的事情，她们参加运动，爱惜自己的身体。她们要求上进，加强自身的修养，不断学习。她们珍惜时间，不把时间浪费在异想天开上。

在女人的一生中，只有懂得做人的艺术，才能从容穿越生活的风雨，迎来七色的彩虹，洞悉处世的奥妙；才能在世态炎凉的冰河中，荡起温暖的双桨，赢得热烈的拥抱，把握情感的玄机；才能拥有和睦温暖的家，在爱的蜜汁中享受人生的快乐；才能最终避开人生的陷阱，稳健步入生活的繁华。

女人因自信而美丽

　　自信的女人，好像一道风景，给人愉悦的同时也给自己添了许多欢乐。女人自信的时候，也是她最美丽、最惬意的时候。自信，意味着尊重自己，对自己有足够多的信心，不会因为别人的意见而随意贬低自己，自信的女人会懂得善待自己，明白失败不过是人生路上的点缀，没必要将别人的错误强加到自己身上。

第二章　女人的风采

　　自信、落落大方是女人的另一种美丽，任何时候，气质与仪态上的夺人和先天的美貌都可以并重，更别说那些少有的知性女人，透着浓香的书卷气，平和的心态，不张扬的为人处世方式，在大是大非面前的大度和宽容，如陈酿的美酒，给人以醇香的感觉。

　　自信的女人，走路的时候昂首阔步，沉着淡定的表情告诉人们她们的自信所在；自信的女人，坐在餐厅跟坐在大排档一样的优雅而风采不减，微笑的魅力使她们把握住人们的视线所在；自信的女人，买东西的时候不会徜徉不定，走到自己喜欢的东西面前，挑选最合适自己的东西。

　　自信的女人，无论家庭、事业、交际，都能一帆风顺，偶尔出现的挫折打击，总能被她们轻巧化去，一举手、一投足间，便能使事情向着有利于她们的方向转去。

　　自信的女人，也许会疲劳，因为自信会带来众人的期待和信任，会令她们走进一个又一个劳心劳力的圈子，但是，自信的她们，总有办法用最短的时间最恰当的方式巧妙地处理妥当，在众人的赞叹声中，保持她们自信的微笑，给大家送去定心的精神动力。

温柔是一种艺术

抛开容貌体肤不说，单就可爱女人的气质情致而论，那千种娇媚、万般风情，谁又能说得尽呢？说不尽吗？其实最主要的就是温柔。作为女人，你尽可以潇洒、聪慧、干练、足智多谋、文韬武略，但有一点不能少，你必须温柔。女人，最能打动人的就是这温柔。温柔像一只纤纤细手，知冷知热，知轻知重。只这么一抚摸，受伤的灵魂就愈合了，昏睡的青春就醒来

第二章 女人的风采

了，痛苦的呻吟就变成甜蜜、幸福的鼾声了。

温柔是女人最动人的特征之一。它是女人的撒手锏，百炼钢化成绕指柔绝不是神话，是一种发自内心的女人味，散发出来，到了极致，就变成了一种巨大的、无坚不摧的力量。温柔的女人，是微笑的天使，是美丽的永恒，她可使美丽纯洁变得更高雅又平易近人，具有一种特殊的处世魅力，使得人们钟情和喜爱与她交往，这种温柔如绵绵的细雨，润物细无声，给人一种温馨柔美的感觉。

温柔是一种艺术。学会在纷繁琐事中寻找温柔，在轻松自由、欢乐幸福时拥抱温柔，在柳暗花明时奉献温柔，在逆境中创造温柔，这是一种令人敬仰的气质与人格。温柔的女人懂得男人的坚强与脆弱、疲惫与心伤，她总是一点一滴地从生活中的小细节入手，用女性行为中最自然、最温柔的方式，体贴爱惜男人。

女人可以不漂亮不性感不聪明，但绝对不可以不温柔。女人的温柔是一种喜悦，自己受用，同时也在不知不觉取悦别人。无意中，温柔是一个故事，风月无边，碰上的都算有幸；有意时，温柔是高山流水，水滴石穿，任是再坚定的男人，也会动心。

智慧演绎女人的风情万种

当女人青春逝去，脸上细碎的皱纹在阳光下几乎无处可藏，犹如凋谢的花朵，失去了昔日的天姿风韵时，青春就像瞬间的光芒，短暂易逝。而智慧却是恒久不变的，它超越了时空，它的美使人变得深邃、博大。

英国作家毛姆曾说："世界上没有丑女人，只有一些不懂得如何使自己看起来美丽的女人。"女人有着漂亮的外表固然

第二章　女人的风采

是一件值得庆幸的事情，然而漂亮的女人并不代表她有魅力、有气质，这种魅力与气质是需要后天修炼的。女人可以不美丽，但不能没有智慧，女性的智慧之美胜过女性的容貌之美，因为随着时光流逝，女人美丽的容颜也会渐渐远去，然而她的心智却不会衰竭，它会超越青春，令智慧永驻。智慧就像是一件穿不破的衣裳，能够重塑女人的美丽，能让女人的这份美丽历久弥新，也能让女人的美丽有着质的内涵。

女人的智慧之美，体现着一种独立自主的意识状态和自尊自重的情感状态。她们勇于接受来自于生活中各方面的挑战，善于从书中采撷智慧，她们的身上不再留有"男性附庸"的余味。她们蕙质兰心，聪明练达，超越了女孩子的天真稚嫩，也没有女强人的盛气凌人，遇人遇事泰然自若、处乱不惊，对人保持着一种若即若离的冷漠与距离，自然地流露出一种知性的魅力，展现出落落大方的风度。

智慧女人既令男人心驰神往又令他们望而生畏，有种可望而不可及的惆怅之情，然而，智慧女人也是生活在人间的凡人，她们也食人间的烟火，同样离不开油盐酱醋茶，也需要相夫教子，可见，大雅离不开大俗，这才是真正意义上的雅俗共赏。

得不到的永远最好

对于一个男人来说，只有在对自己的伴侣和婚姻感到灰心或失望的时候，才会想起那如朱砂痣般的红玫瑰，也才会觉得那仿若"明月"般的白玫瑰是那么美。

张爱玲曾在她的书中写过这样一句十分精辟的话："也许每一个男人生命中都有过这样的两个女人，至少两个。娶了红玫瑰，久而久之，红的变成了墙上的一抹蚊子血，白的还

第二章 女人的风采

是'床前明月光';娶了白玫瑰,白的便是衣服上的一粒饭粘子,红的却成了心口上的朱砂痣。"

想来张爱玲的这句话很受人们的认可和追捧,尤其是一些女性,不然不会在我还是高中生的时候,就有一个女孩子念这句话给我听。随着年龄越来越大,这句话也听得越来越多。当然,不会再有人像那个女孩子那样捧着一本书念给我听了,很多人可都是一字不落背出来的,而我也从第一次听过之后只是觉得很有意思,到后来和女的站在一块儿痛斥男人的不知足,再到后来我开始考虑这样一个问题:作为女人,如果你当初果真是男人眼里的一朵玫瑰花,怎么到后来却成为他眼中"墙上的一抹蚊子血""衣服上的一粒饭粘子"了呢?这其中诚然有男人那种"得不到的永远最好"的心理在作祟,难道就没有女人的一点责任吗?

对于一个男人来说,他只有在对自己的伴侣和婚姻感到灰心或失望的时候,才会想起那如朱砂痣般的红玫瑰,也才会觉得那仿若"床前明月光"的白玫瑰是那么美。这就如同一个人置身于一个繁花锦簇的花园里,光眼前的美景还欣赏不过来呢,怎么会有工夫去想别的花园里是怎样的一幅美景呢?若他开始对别的花园的美景动脑筋时,那只是因为他已经看够了眼

前的景色。

  这并非是在为男人开脱，一成不变的事物只会让人觉得厌倦甚至不耐烦，毕竟再百看不厌的事物也架不住千次、万次的看，在这个方面无所谓男女，只要是人就都存在着这样的心理。何况，每个男人的一生之中都不仅仅只需要一个伴侣与他风雨同舟就可以了，他还需要一个能在失落时倾听他说话的人，一个在他将要跌倒时能扶他一把的人……不要把男人只当作是一面遮风挡雨的墙，足够坚固，经得起任何的风吹雨淋，其实，有时候他更像是一个躲在阴暗角落里哭泣的孩子。

第二章　女人的风采

假装不在乎他，让他更在乎你

很多女人在结婚之后，之所以会变得怨气满腹，很大程度上是由于她们慢慢发现，丈夫不再像往常那样对自己呵护有加了。以前尽管两人不住在一起，可当天气有变化的时候，丈夫还打电话来嘘寒问暖一番，现在倒好，非得自己亲手把衣服拿出来他才肯换；以前只要是自己喜欢的东西，他就是跑遍全城也会给自己买来。现在，自己看上了一件衣服，死拉硬拽地让

他陪着一起去买，可他就是死活不肯挪地儿……

　　这种改变很让一些女人受不了，认为这是丈夫不再爱自己的表现，最起码也是对自己觉得厌烦了，于是她们伤心，她们难过，却不知道其实是她们完全误解了丈夫。

　　对于男人来说，恋爱就如同是进行一场战争，结婚是他们想要取得的最后胜利。因此，在恋爱的时候，为了胜利男人愿意做任何事情，即便是一些他们本来不愿去做的事。可是结婚后就完全不同了，他们会从心理上认为自己功德圆满了，这就好像仗已经打完了，江山自己也稳稳地坐上了，当然要"刀枪入库，马放南山"了，除了休养生息之外，还有的就是要好好享受一下生活了，难道还用得着像过去一样在战场上流血流汗啊？

　　一位人到中年的男人在谈起自己的婚姻生活时，说："没结婚前，当我的妻子还是我女朋友的时候，她若说想吃十只虾，我马上能给她剥二十只；婚后一段时间，她若再说想吃十只虾，我会让她跟我一起来剥；现在她即使就想吃一只，我都让她自己去剥，还让她顺手给我也剥点。"

　　其实，在男人的血液里面一直流淌着追逐和征服的欲望，而当他们一旦失去了追逐和征服的对象，过上了较安逸的生活后，就会变得懒惰起来，这是由男人的天性所决定的。因此，

第二章 女人的风采

男人在婚后变得懒散并不是因为不再爱自己的妻子了,他们只是没有了恋爱时的那种患得患失的心情。既然已经结婚,不再害怕失去,当然也就没必要再像以前那样了。

作为妻子,如果并不满意丈夫现在的表现和行为,想重新拾回两人在恋爱时的那种甜蜜和幸福,不妨试着以恋人的身份来对待自己的丈夫:与他保持着若即若离的距离,让他始终觉得可以触摸到你,但却无法完全拥有你,让他心动心又痒,却也只能耐着性子来围着你转。此时,你若再偶尔使一些无关痛痒的小性子,跟丈夫闹闹却并不会真正让他觉得烦,丈夫不俯首帖耳地供你使唤才怪。

让男人有保护你的欲望

无论一桩婚姻是如何开始的,最终还是要回到心灵与心灵之间的沟通和交流上来。作为一个妻子,应当要清楚,在每一个男人的内心里面,都有一块儿空间是留给亲人的,这里不是你能够以妻子的身份轻易进入的。

在男人的生命中,第一个和他有亲密接触的女人就是他的母亲。这个女人给了他生命,又像一棵大树那样为他遮风挡

第二章　女人的风采

雨，在他需要的时候给予他鼓励和支持。相对于男人来说，母亲就是温暖，因此他们对母亲的依恋也是与生俱来的。

相信看过《俄狄浦斯王》故事的人，不但不会对他"杀父娶母"的行径感到气愤，反而会有一种造物弄人的无奈，以至于故事发展到最后，当闻听到实情的约卡斯塔羞愧地上吊自杀，而俄狄浦斯则刺瞎了自己的双眼时，很多人的内心都被深深地打动了。人们之所以会原谅这样一个"杀父娶母"的人，根据精神分析专家弗洛伊德的分析，这是由于故事唤起了人们心中的恋母情结。当然，并不是每一个男人都有恋母情结，但不可否认这样一个事实，男人心目中理想女性的形象往往是以母亲为模本的。这一点作为一个细心的妻子在生活中不难发现，丈夫经常会说他妈如何如何。

每一个男人都忘不了小时候每当妹妹被班里的男孩子欺负了，总会哭着来找他这个哥哥，于是做哥哥的当然就挺身而出，用拳头教训那些胆敢欺负他妹妹的男孩子。那时候，妹妹就像个跟屁虫似的，一天到晚跟着他，而他也愿意让妹妹跟着。慢慢地，兄妹都长大了。记忆中还是个拖着黄辫子的鼻涕丫头，现在也恋爱准备嫁人了，做哥哥的总觉得有些失落。在哥哥的眼睛里，无论妹妹多蛮不讲理，只要柔柔细细地叫一声

"哥",总会让他乐在心头,也就是这一声"哥",曾给了他多大的勇气。

在每个男人的一生之中,都不止有一个女人。作为妻子,你虽然在丈夫的生活中扮演妻子的角色,但这并不代表你不可以扮演他生命中的其他角色:以母亲的身份给丈夫以包容和支持,让他可以在家里脱下那层在外人面前的伪装。不要以为男人表面看上去坚不可摧,就没有脆弱的地方,其实每一个男人在内心里都有男孩子的影子;以妹妹的身份让丈夫知道自己多么需要他的保护和忍让,也让他能像一个哥哥那样来呵护和疼爱自己……

第二章　女人的风采

做一枝带露珠的花

生活中我们经常看到这样的场景：夫妻两人正走在大街上，迎面走过一个打扮入时的女郎，男的偷偷地瞟了一眼，可还是被身旁的妻子发现了，伸过手来狠狠地在男的身上掐一把，并亦怒亦嗔地说："等回家再跟你好好算账。"

嘴里说是回家后再算账，可也不能为此真把丈夫打到"冷宫"里去呀！很多妻子就是琢磨不明白，丈夫为什么对陌生女

幸福的女人

人总是一副垂涎三尺的样子,而他以这样的神情看自己的时候,还是在没结婚以前。尤其让一些妻子受不了的是丈夫偷看的那些女人,没有一个比自己强的,无论是身材还是相貌,于是忍不住埋怨丈夫的品位也太低了。

是丈夫的品位低吗?恐怕不尽然,要不他当初怎么会死乞白赖地硬把你追到手呢?其实,丈夫瞟一眼别的女人,并不表示他喜欢这种类型的女人,而只是喜欢陌生女人带给他的那种新鲜感。

一个男人结婚多年,一天,他忽然收到了一封陌生女人的信,在信中,这个陌生女人说自己注意他很久了,希望能与他结识。这下可把这个男人难住了,到底该不该去见这个女的呢?尤为令他头疼的是,这件事该不该让妻子知道?

妻子注意到他近来有些魂不守舍,便追问他原因。他只好把这件事说了出来,谁知妻子却鼓励他去见那个陌生女人。

在去的路上,男人的内心一直是惴惴的,不停在心里想:这个陌生女人会是谁呢?自己认不认识?长什么样子?他忽然觉得今天的阳光分外明媚,连周围的景物也光鲜多了。终于来到了约见的地点,终于见到了那个写信的女人,原来竟是自己

第二章　女人的风采

的妻子，只是她的衣着和打扮与平常完全不同。

原来，他的妻子希望能以这样的一种方式给两人平淡的生活增添一些新鲜。于是，尽管看到妻子的时候，男人捏了一手心的汗，但还是庆幸自己事先跟妻子说过了，而这次约会也成了他们最难忘的一次体验。

一个好妻子，她还应该是一个智慧的女人，懂得如何在平淡的婚姻生活中注入新鲜感，懂得如何在夫妻之间创造共同的爱好和话题。其实，男人之所以会对妻子产生厌倦的心理，相貌倒是次要的，最主要的是由于在这个女人身上男人再也感觉不到吸引力了。尽管在这个女人身边的时候，男人会有一种温暖舒适的家的感觉，可内心里还是会情不自禁地想要去寻求一些刺激。

有些妻子对于丈夫有外遇这件事总觉得理解不了，她们想不明白自己对丈夫那么好，含辛茹苦地维持着这个家，而他却背着自己去和别的女人交往。想一想，确实是一件很让女人伤心的事，那么，男人为什么家里有老婆，还要在外面发展婚外情呢？

情人会和男人面对面坐在一间豪华餐厅里享受烛光晚餐，若是带妻子来，恐怕她从一进门就因嫌太浪费而喋喋不休了，

气氛不用说也早就被破坏了；男人可以在情人面前吹嘘自己年少时如何英雄了得，而不必担心对方会像老婆一样嬉笑地问他，当年那个为了和她在一起哭哭啼啼的小男生是谁？男人在情人那里睡到多晚，醒来总能看到情人那含情脉脉的眼神，而不会像妻子那样，叉着腰站在床头，怒斥他为什么起得这么晚？

男人需要的不只是一个为了他、为了家整天忙忙碌碌的女人，他还需要一支瓣上带露珠的花，一首温情的曲子，一副春意荡漾的风景画。其实，作为妻子，有些时候何尝不可以情人的身份来对待自己的丈夫，让他领略一番你别样的风情呢？虽然结婚生活是现实的，但这并不代表两个人之间就不需要浪漫的氛围。

第二章　女人的风采

男人的苦也要分享

美国一位著名的婚姻顾问曾这样说:"我们经过调查发现,女人通常在婚姻之外仍有一两个最好的同性朋友,而男人最亲密的朋友通常就是自己的妻子。正因如此,丈夫们认为婚姻幸福美满的最突出标志是他们的妻子乐于做他们的朋友。"

或许是因为彼此之间太过于熟悉了,熟悉到已经可以完全忽视对方的感受,熟悉到可以拿对方的缺点来开玩笑了。可也

正是由于这样的原因，男人的内心里更需要妻子能像个朋友似的和自己相处，因为友谊就意味着尊重，又是对彼此差异、渴望、尊严以及弱点的尊重。

男人与女人不同，在家里生了气可以找自己闺中密友大吐一番心中的不满和苦水，男人则不会，他们不愿意向别人提起，认为那样会让自己很没面子，于是在一般情况下，他们都独自忍受下来。

很多女人都有过这样的体验：在朋友面前，自己总是显得那么宽容大度，可是当面对丈夫的时候，哪怕只是一个很小的缺点，都会让自己大为光火。有时候在发过火之后，连女人自己都搞不清楚，刚才为什么要生那么大的气呢？其实，妻子只要变换一下身份，以一个朋友的姿态来看待丈夫，就会发现丈夫也并没有像自己所认为的那样满身缺点，而丈夫有什么事慢慢也愿意和你诉说了。

第二章　女人的风采

幽默是生活的调味剂

"幽默"是一个舶来词，源自拉丁文，是"Humor"一词的音译，原意是动植物里起润滑作用的液汁。尽管到目前为止，对于幽默一词众说纷纭，却还没有一个人能下一个准确的定论，但显然不是油腔滑调，也并非是嘲笑或讽刺。幽默是一个人的思想、学识、智慧、灵感在语言中的体现，是一种"能抓住可笑或诙谐想象的能力"，显示了说话者的睿智。正如林

语堂先生所言:"幽默是由一个人旷达的心性中自然而然流露出来的,其语言中丝毫没有酸腐偏激的意味。而油腔滑调和矫揉造作,虽能令人一笑,但那只是肤浅的滑稽笑话而已。只有那些巍巍荡荡、朴实自然、合乎人情、合乎人性、机智通达的语言,虽无意幽默,但却幽默自现。"

当然,也并不是随时随地都可以幽默一把的,必须要注意场合和环境,例如在严肃的场合、庄重的会议上,或在葬礼上,你的幽默不但不会取得别人的好感,反而会令人心生厌恶。另外,还要注意挑选对象,以免造成互相的尴尬。

一个男人结婚了,妻子什么都好,可就是不怎么会说话,比如说去参加别人的婚礼,她当着新郎的面跟新娘子说:"你们结婚我可是不看好的,到时离婚可不能怪我啊!"有一家的老人过世了,她安慰家人说:"别难过了,都活那么大岁数了,早该过世了。"一天,邻居家的孩子满月,夫妻俩前去表示祝贺。临出门前,男人表情严肃地对妻子说:"去了人家家里,你什么也不要说,我说什么你只要点头就好了。"妻子点头同意。

到了邻居家,邻居夫妻俩献宝似的把孩子抱出来让他俩

第二章 女人的风采

看,小女孩模样憨憨的,正闭着眼睛睡觉呢。丈夫轻轻地摸摸孩子的脸蛋,说孩子长得真可爱。妻子很配合地在一旁点头。丈夫稍微感到放心,继续说道:"生闺女好啊,都说闺女是父母的贴心小棉袄,知冷知热的,你们可真有福气。"妻子也点着头表示认可。邻居夫妻俩听了很高兴,热情地招待了他们,并亲自送他们出门。可是,两人刚出门,妻子开口了,对送出来的邻居说:"这回我可什么也没说,到时候孩子要是有个三长两短的,可不能怪我!"

丈夫当场气昏了过去。

俄国文学家契诃夫说过,不懂得开玩笑的人,是没有希望的人。可见,生活中的每个人都应当学会幽默。在人生道路上,挫折和失败是常有的事,如果忍受挫折的心理能力得不到提高,焦虑和紧张会常常困扰身心。而幽默,则可以缓解这些。假如拥有幽默的能力,也就具有了随环境变化调节自我心理的有力武器,既可以利用幽默减轻痛苦,又能增加体会幸福的能力。

林肯是美国历任总统中最具幽默感的一位。早在读书时,有一次考试,老师问他:"你愿意答一道难题,还是两道容易

的题？"林肯很有把握地回答："答一道难题吧。""那你回答，鸡蛋是怎么来的？""鸡生的。"老师又问："那鸡又是从哪里来的呢？""老师，这已经是第二道题了。"林肯微笑着说。

一次，林肯步行到城里去，一辆汽车从他身后开来时，他扬手让车停下来，对司机说："能不能替我把这件大衣捎到城里去？""当然可以。"司机说，"可我怎样将大衣交还给你呢？"林肯回答说："哦，这很简单，我打算裹在大衣里头。"司机被他的幽默所折服，笑着让他上了车。

林肯当了总统后，有一天，一个妇人来找林肯，她理直气壮地说："总统先生，你一定要给我儿子一个上校职位。我们应该有这样的权利，因为我的祖父曾参加过雷新顿战役，我的叔父在布拉敦斯堡是唯一没有逃跑的人，而我的父亲又参加过纳奥林斯之战，我丈夫是在曼特莱战死的，所以……"林肯回答说："夫人，你们一家三代为国服务，对国家的贡献实在够多了，我深表敬意，现在你能不能给别人一个为国效命的机会？"那妇人无话可说，只好悄悄走了。

第二章 女人的风采

幽默是聪明人寻找幸福的一种积极方式，美国的一位心理学教授认为，幽默是文学与心理学相结合的与人友善相处的一种科学方法。在人际关系紧张而复杂化的情况下，幽默能缓和冲突，化解矛盾，使困难的问题得以顺利进行。与此同时，他还列举了幽默的四大好处：

第一，幽默可以消除尴尬。处在尴尬的场合时，使用恰当的幽默的语言，便会使气氛活跃起来，一扫彼此之间的难堪。

第二，幽默有利于活跃家庭生活。幽默走进家庭，能使家人之间更加愉快、融洽。例如，容易发生口角的夫妇，当妻子在盛怒之际，丈夫并不正面与她对抗，而是时不时地给她来点幽默，这种争执也许会顷刻间化为乌有，妻子也会破涕为笑。

第三，幽默能打破与异性的隔阂。以轻松而活泼的幽默语言与异性接触容易有话题，并使两者很快建立起友善的关系。

第四，幽默能协助解决问题。以幽默的态度来解决问题，常会得到意想不到的效果，能使对方的不愉快和愤怒情绪一扫而光，甚至能使对方原谅你的小小不足之处。

南开大学社会学系对京花齐放津两地三百多对夫妻抽样调查发现：在家庭生活中，夫妻之间在情感交流上缺乏幽默感的现象十分普遍。在被调查的夫妻中，妻子认为与丈夫进行情感

沟通很困难、缺乏幽默情调的占61.7%；丈夫认为妻子多柔情少幽默的占80.4%。

或许面对这样的一个调查数据，很多人并不感到诧异，甚至觉得没什么大不了的，理由很简单，无论是过去还是现在，太多的人都是在这种习以为常的缺乏幽默氛围的环境里生活着。或许有些时候，会突然感到家庭里似乎缺少了点什么，但却很少有人能意识到，其实，家里缺少的只是能令家人捧腹一笑的幽默话。

在我国的传统美德中，一直强调在家庭里要尊重老人爱护孩子，夫妻之间相处也要相敬如宾，这尽管在一定程度上促进了家庭的和睦，也确保了社会的安定，毕竟每一个家庭都是社会的一个细胞。可是也正是由于这个原因，使不少的家庭总显得严肃、井然有余，而活泼、融洽的气氛不足。

也许这种情况在几百年前，当人们对生活的需求还只是"两亩地一头牛，老婆孩子热炕头"的状态时，这样的家庭氛围是能够接受的。毕竟那时候人们为了让一家人能填饱肚子，整日里都要在田地里做农活儿，基本上没什么周末，除非遇到下大雨、刮大风的天气，就更不要提什么法定的节假日了，因此回到家里最想干的事就是饱餐一顿，然后倒头睡大觉。可是

第二章　女人的风采

随着物质生活的丰富，人们再也不需要像过去那么卖命地去劳作了，因此也就越来越关注自己的生活质量，于是，很多人发现并认识到幽默对家庭幸福的重要性。

人与人之间的交往，最难也最重要的就是相互之间的沟通。虽然夫妻之间有着最亲密的关系，但沟通仍然是第一位的。在现实生活中，很多原本相爱的夫妻之所以会变得无法相容，以至于使辛苦建立起来的婚姻和家庭毁于一旦，很大程度上就是因为两个人之间没有建立起良好的沟通方式。

或许是由于彼此之间太过于熟悉了，对方只要一开口，就知道他接下来要说什么，所以自己要么就爱搭不理地听着，要么干脆打断他的话头，不让他再说下去。于是，我们经常会看到这样的一对夫妻：妻子正在厨房里炒菜，想让在一旁洗碗筷的丈夫搭把手，往锅里添些水，却不说话，而是努着嘴示意，恰好丈夫没注意到她这一表情，于是菜也不炒了，两人先开始了争执。

"没看到我让你帮我往锅里添水吗？"妻子说。

"你也没说，我怎么知道！"

"没见我努嘴？"

"谁知道你努嘴是干什么呢？"

幸福的女人

"你没见菜都快炒煳了吗?"

……

两人忽然闻到一股焦味,回头一看,炒的菜不仅煳了,都黑了。

经常也有这样的夫妻,就像赵本山跟宋丹丹在小品里演的那样,总以为彼此之间的感情已经足够深厚了,于是要么不说话,即便说也是简短扼要,甚至一个字一个字地蹦。诚然,那种心有灵犀的默契的确是感情的高境界,但这并不表示就可以省略掉语言这一功能。何况,很多夫妻之间还没有默契到心有灵犀的地步,毕竟灵犀是一件挺不容易见到的东西,他们之间更多有的是互相之间的熟悉,而熟悉却并非就是心里有了灵犀的证明,所以也就不会一点就通,很多时候需要你一点再点才可能通。

因此,即便是夫妻之间,当对方说话时,也要先认真地听一听他说话的内容,只有在你真正了解了对方说话的意思之后,再表明自己内心的真切感受,两个人的心灵才会真正融汇在一起。有一个诗人,尽管在他一生之中并没写出什么能让人记住的诗篇来,有一句话却说得很好:"婚姻是一场长久的谈话,双方永无止境地倾听彼此的心声。"

第二章　女人的风采

当然，既然是沟通，就难免有意见不一的时候，此时，就需要夫妻双方尽量运用幽默的语言来加以化解了。以上面提到的夫妻炒菜时发生的争执为例，如果妻子说："没见我努嘴？"丈夫大可以说："我哪里知道老婆大人努嘴就是让我添水呢，那你现在努着嘴是想让我干什么呢？"

根据心理学家的分析，在现今这样竞争激烈的生存环境中，家庭所处的社会关系也日益复杂，夫妻间的感情冲突也就日益显得突出，因此，家庭里也就更需要幽默。由此可见，每一个幸福的家庭，也必将是一个具有丰富幽默氛围的家庭。在很多人的意识里，家就像是一个温暖舒适的港湾，在这里可以放松心情、缓解压力，而若失去了幽默，这样的目的又怎么能达到呢？

幽默是一种魅力

社会心理学家认为，人经常会有不平衡心理的出现。例如，早上起来本来心情蛮好的，骑着自行车去上班，谁知却不小心撞了人或被人撞了，心理上就会觉得内疚或愤怒，如果不能及时消除这种情绪，心理上就会无法平衡，而幽默恰好是消除这种心理最佳的良药，可以使不良情绪消失于无形。

一天，作家萧伯纳在伦敦街头被一个骑自行车的人撞倒

第二章　女人的风采

在地。虽然没受什么伤,可也把萧伯纳撞得够呛。撞倒萧伯纳的人认出了他是萧伯纳,马上把他扶起来,一个劲儿地向他道歉。萧伯纳拍拍身上的灰尘,笑着对撞他的人说:"先生,其实您比我更不幸。您刚才要是撞得再重一点,就可以作为撞死萧伯纳的好汉名垂史册了!"

撞他的人听萧伯纳如此说,很不好意思地笑了,然后加倍郑重地握住萧伯纳的手,说:"您本人和您的小说一样,令人心悦诚服!"

英国著名作家、短篇小说大师曼斯菲尔说:"疯狂或死板都是不正确的处事方式,两者都嫌过度。幽默感才是一个人所应长久保持的。"幽默是自然流露的,它与疯狂不同,就像是一场突如而来的飓风,无论它多么肆虐,多么声势骇人,最终还是要在世界的某个角落里降落下来,而幽默则是和煦的春风它也不同于死板,仿佛一潭死水,不起任何的波澜,周围也不生长什么植物,而幽默则是波光粼粼的湖面。

某电视台有一档有关婚姻情感的节目,一次,节目制作组请来六个离异的男女。当问到他们当初为什么离婚时,其中有五个人居然一脸错愕,说他们也不清楚当初为什么会离婚,

只记得两人不知为什么就争执开了,其中一方说:"这日子没法过了,离婚!"另一方也跟着说:"离就离,谁怕谁呀!"于是,婚就这样离了。主持人听后觉得不可思议,追问一句:"你们真就这么离了?"五人仔细回想了一下,也觉得不可思议,可实际情况确实就是这样。

他们就这样结束了自己的婚姻是否可惜暂且不论,但可以肯定的是,他们之前的婚姻生活一定是缺乏幽默氛围的。要不然两个人怎么会因彼此一时的气话,就选择劳燕分飞了呢?

套用一句老话,夫妻双方就像是勺子和碗,总放在一个锅里面洗,勺子难免有碰到碗的时候,哪里有一辈子都没有过争执的夫妻,即便真有,想必也不是一件什么好事。其实,更多的时候,夫妻之间应该做的并不是如何避免发生争执,而是要学会如何让争执不伤及彼此之间的感情。其实,有争执是件好事情,起码说明夫妻双方都有进行交流的意愿,只是在某些方面意见未能取得一致而已,此时,若有一方能运用幽默的言语加以化解,不但不会因此走向婚姻破裂的边缘,反而会增进两个人的感情。

有一对年轻夫妇,一日为了一件事争吵了起来。俗话说"骂人无好口,打人无好手",再加上两人都年轻气盛,彼此

第二章　女人的风采

之间又那么了解,还都在气头上,因此说了好多难听的话。气急了,妻子嚷道:"谁要和你在一起天天受气,离婚算了。"丈夫也不示弱,说:"少拿离婚说事,谁怕谁啊,离就离。"妻子听丈夫这么说,更伤心了,一声不响地坐在客厅的沙发上抽泣着,然后起身进卧室收拾自己的东西。丈夫坐在客厅的沙发上,越想越觉得后悔,于是决定当妻子拖着皮箱出门的时候,自己就算再赖着脸皮也要把她留下来。可是他左等不见妻子出来,右等也不见妻子出来,忽然他有了一种不祥的预感,马上起身往卧室跑去。当他奋力推开门,却见妻子正坐在床沿上呢,一边放着一个皮箱子。他长出了一口气,说道:"我还以为你收拾好东西要回娘家呢!"

妻子说:"正准备走呢,我把我喜欢的东西都放箱子里了,你也进去吧,我也要把你带走。"丈夫把她拥抱在怀里。

幽默的女人是有亲和力的女人,她带给人们一种愉悦感,使人们在笑声之中自然而然地与她拉近了距离,不但有助于双方情感的交流,也使对方轻松舒畅。幽默的女人即使经历过很多苦难生活,依然拥有乐观从容的心境,她会云淡风轻地描述,总是从另一个角度去解读生活。在她轻轻的一来一往的言

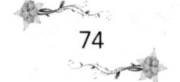

辞中，充满了生动的韵味，让一切变得晴朗起来。幽默的女人无时无刻不散发着特有的魅力。她是豁达的，对事物看得十分透彻，困难和挫折从不会吓退她。她知道自己所需的生活，也有着从生活中提炼出生存智慧的能力，她的生活态度既现实又充满激情，生活被快乐包裹着。

　　一个具有幽默感的女人，能促使自己去了解、影响和激励他人，同时也促使她更深刻地去了解并接受自己。当女人施展幽默的力量去了解别人的想法时，工作的沟通之门就已被打开。幽默能丰富每个人的生命，令人回味无穷，然而大量数据显示，女性是比较缺乏幽默感的，通常女性采用比较严肃的方式去看待事情。更有一些女性，在生活中总是摆出一副不容侵犯的面孔，当她们不慎犯错时，不是用借口掩饰内心的不安，就是用眼泪来博取别人的同情，此种做法，极不可取。具备幽默感的女人，必须具备文化底蕴，还要具备一些灵气，幽默的女人总是兼具才气与灵气。幽默女人热爱生活，有着淡淡的从容不迫和无惧，她面带微笑用心地去体会生活、感受生活，去化解生活路上的一切问题，这样的女人自信、优雅、温柔而妩媚。

　　那么，作为一个女性，该如何培养自己的幽默感呢？

　　首先，在领会幽默内涵的同时做个乐观自信的女人。幽默

第二章　女人的风采

不是嘲笑讽刺，它是机智而又敏捷地指出别人的缺点或优点。正如有位名人所言："浮躁难以幽默，装腔作势难以幽默，钻牛角尖难以幽默，捉襟见肘难以幽默，迟钝笨拙难以幽默，只有从容、平等待人、超脱、游刃有余、聪明透彻才能幽默。"试想，一个悲观颓废的人怎能有心情幽默呢？所以，幽默的女人必须乐观与自信。

其次，锻炼自己的思维与表达能力并不断扩大知识面。幽默需要智慧，它是建立在丰富的知识基础上的。如果词汇贫乏，语言的表达能力太差，是无法达到幽默效果的。只有拥有广博的知识，具有审时度势的能力，才能做到妙语连珠、谈资丰富，进而做出恰当的比喻。因此，要培养幽默感必须不断充实自我，通过广泛涉猎收集幽默的浪花，抑或从名人趣事的精华中撷取幽默的珍宝。

再次，幽默的人要懂得宽容。想要自己学会幽默，就要学会宽容他人，凡事切勿斤斤计较。

最后，提高幽默的一个重要方面就是培养深刻的洞察力。能够精准地捕捉到事物的本质，用恰到好处的比喻，通过诙谐的语言，才能产生幽默的效果，让人产生轻松的感觉。幽默的同时，还不能马虎，要具体问题具体分析，不同问题要不同对待。

幸福的女人

  一个有魅力的女人，不一定要有多么出众的相貌，这个世界上太多一些看着如莲花般盛开，可走近了却让人只想把耳朵揪下来的漂亮女人。生活是实在的，它不可能让你永远像莲花只开放在人们不能靠近的视线里，尤其是对于和你共同生活在一起的丈夫来说。因此，一个女人，要想让自己魅力常驻，就离不开幽默。

第三章

经营婚姻

第三章　经营婚姻

制造浪漫，俘获他的心

　　时常会想起童话里最末的那句话："从此，王子与公主过上了幸福快乐的生活。"可是在天长日久的婚姻中，当生活真真实实地摆在两个人之间时，或许童话只是童话，只能是茶余饭后头脑里的遐想……但几乎所有人都不能否认，无论生活有多平淡，婚姻里也不可缺少幸福感，即便不会像童话里所描述的那样浪漫。

幸福的女人

好多女人都愤愤地说，自从结婚后便感到，什么结婚纪念日、生日、情人节这种应该浪漫的时刻似乎已经不属于自己了，因为那个榆木疙瘩丈夫不配合。而好多男人则埋怨，自己的妻子一点也不浪漫，他们的生活天天都是一个样，上班、吃饭、应酬、睡觉。总之，乏味透了。

的确，几乎所有的女人都喜欢浪漫，而男人则喜欢浪漫的女人。所以，无论是丈夫还是妻子，不仅要懂得享受浪漫，更要懂得不失时机地营造浪漫，这不仅能让趋于平淡的生活更有色彩，也能增进夫妻间的感情。

有一个女人结婚两年多了，她没感觉到幸福。虽然丈夫依然对她很好，虽然她也有着不错的收入，但是她总感觉到生活中缺少了什么。

她经常会想起那些恋爱的日子，那时候，丈夫会在某一刻突然出现在她面前，手捧着玫瑰；丈夫会约她去咖啡厅、酒吧，有时候还会去看电影。她觉得自己是最幸福的女人，她很满足，也很欣慰，找了这样一个懂得浪漫的丈夫。

可自从结婚后，她便感到，浪漫已经不属于自己了，因为丈夫整天忙于事业，对于爱情中的浪漫事业，似乎早已无心经

第三章　经营婚姻

营。他再没给她买过玫瑰，每天下班的时候都是手里提着菜，还有一些必要的生活用品。他们再没去过电影院或咖啡厅，甚至餐馆都很少去，即便偶尔去一次，也是去大众菜馆，丈夫的眼睛也是盯着菜，而不是她。

这些变化让原本喜爱浪漫的她备感失落，于是，她在自己的生活中回忆浪漫，经常找些诗歌来读……但很快地，她便发现，这样做并没有让自己快乐起来。相反，她越发觉得自己很不幸福。她甚至有了这样一个念头："原来婚姻真的是爱情的坟墓。"

想到这儿的时候，她自己都被这样的想法吓了一跳。曾经自己不是非常爱他吗？不是非常希望与他生活在一起的吗？

偶然间，这个女人在书中读到了这样一句话："草地上开满了鲜花，可牛群来到这里所发现的只是饲料。"她一下子醒悟过来：原来情感的粗糙和浅薄，缺乏浪漫，才会使婚姻生活变得毫无情趣，缺乏色彩。

此后的她不再抱怨，而是自己营造起浪漫。

丈夫生日那天，她去订了蛋糕，又到超市买了很多东西，

还到花店买了鲜花。回来后，她把鲜花插到花瓶里，又做了一顿丰盛的晚餐，点上蜡烛，等着丈夫回来。

晚上，丈夫带着一脸疲惫回来了，推开门来，一曲悠扬的《回家》正在满屋温馨的烛光里回旋，摇曳的橙黄中，俏丽的妻子着一袭薄翼般的真丝吊带睡裙，酒红色的长发泛着迷人的光彩。"老公，回来啦！"妻子热情地问候他，纤细的身姿像在遮挡什么。

丈夫走近她，却见她灵巧地将身体从餐桌旁闪开，一个装饰成水晶心的蛋糕上五彩的、细细的蜡烛，拼成一个"LOVE"，燃烧着，跳跃着。丈夫兴奋地一把将妻子抱起来，长长地、深深地吻着她，她感觉到了久违的幸福……

后来，女人不时地营造各种浪漫，有时候买点小饰物装饰卧室，有时候买回几条小鱼等等，他们似乎又重新回到了恋爱时光。受她的感染，丈夫也会偶尔制造一次浪漫大餐，还会买花回来，甚至还买过几次音乐会的票。

他们只是用了不多的钱，却找回了从前的感觉，这让他们喜不自胜，逐渐养成了营造浪漫的习惯。

第三章　经营婚姻

结婚并不意味着两个人浪漫生活的结束,何况夫妻不也是从恋人那个阶段过来的,就在彼此之间保留着一种"罗曼蒂克"的情调,又有何不可呢?这样不仅能给乏味枯燥的生活带来一些新鲜亮丽的色彩,也能让日趋平淡的夫妻感情再起波澜与惊喜。

情话免费，但无价

恋爱时，男女双方花前月下，卿卿我我，相互间总觉得有着说不完的绵绵情话。可是，有不少夫妇一旦结了婚，生活在一起，反而会感觉无话可说了，一出口，也多是柴米油盐，绝无当初的那些甜腻腻、火辣辣的情话往来了，甚至结婚几年后，发现两个人一天在一起说的话竟然是寥寥可数的几句。

之所以会产生这样的变化，是因为有人认为结婚数年，老

第三章　经营婚姻

夫老妻，再说些情话会让人觉得太肉麻了。还有人认为，夫妻之间，只要有爱在心里流淌，只要把爱体现在细致、体贴的关心上，情话没必要每天挂嘴上。

　　这固然没错，问题是如果只有行动，没有情话，就会给人以"只有主菜，没有作料"的缺陷感。难怪经常听到一些妻子怏怏不乐地诉说："我那口子像个哑木头，一点儿也不会谈情说爱，我同他没啥话好说。"潜台词就是感情失调。的确，女人往往欣赏那些善于表达自己感情的男人。话虽绝对，但确实说中了大多女人的心思！

　　反之，为了家庭事业忍辱负重的男人们也绝不会拒绝每一句含情带意的情话！哪怕是矫情和肉麻的，也是平淡婚姻的一剂不错的调味品。

　　试想一下，丈夫在外忙活了一天，傍晚的时候，拖着一副疲惫的身子迈进了家门，这时，做妻子的你为他沏上一杯热茶，送去一个甜甜的吻。然后，一边为他揉揉肩膀，一边顺口就把"情话"说了出来："亲爱的，我爱你！"此时，他的疲劳早已被抛到九霄云外，面庞也会立即被幸福的满足感浸润得热辣辣、红扑扑的，他略带几分陶醉地回复你说："亲爱的，我也爱你！"瞧吧，这整个晚上，你们就都会生活在甜蜜的幸福中了。你想想,这情话怎么会是没有必要、多余的呢?

特别是当夫妻步入中年后,当初炽热的情感日渐冷却,火辣辣的情话日渐减少,甚至全无情话,只剩下干巴巴的实话,日久便让"围城"内的一些人感到了婚姻的无趣,从而开始寻找"围城"外的"情趣",于是就出现了情人,你可以在他(她)面前说任何话,哪怕常人听来最俗不可耐的话到那时都是最受听的,胜过无数名言妙曲。

这是一个幸福美满的家庭:丈夫跑长途货运,妻子联系货物,两人恩恩爱爱,小日子过得甜蜜而殷实。

不料,一次车祸后,生活发生了逆转——大夫冷静地宣布:她的丈夫成了植物人,唯一的办法,就是不断地用亲情呼唤他,直到把他唤醒的那一天。大夫说,这很难,也许一辈子都唤不醒。

妻子把丈夫接回家,每天坐在他的床头轻声呼唤他的名字,可他却毫无动静。

一天,妻子在收拾东西时,偶然发现丈夫藏着的一封情书。不是她写的,是另外一个女人写的,情书写得缠绵悱恻,妻子心里异常酸楚,她泪眼长流,把那封情书读出了声。就在

第三章　经营婚姻

这时，丈夫的手忽然动了一下。妻子心里五味杂陈，丈夫心里竟然还装着那个女人！为了唤醒丈夫，她忍受着内心的煎熬，坚持给丈夫读那个女人写的情书。

一年、两、三年……九年多的时间过去了，妻子读另外一个女人写给丈夫的情书读了三千多遍，情书读烂了，重新裱褙过，情书洒满眼泪，字迹模糊不清。后来，妻子对那封情书已经倒背如流了。终于，九年后的一天清晨，奇迹发生了，丈夫眼角流出眼泪，病情开始一天天好转……

丈夫完全清醒那一天，对妻子说："把那封信烧了吧！"

妻子说："不，我要留着它，是它帮我唤回了我的丈夫。我感到很幸运！"

后来，妻子不仅将那封情书保留了下来，还坚持每天都对丈夫说情话，就像过去的九年那样，只不过她所说的不再是那封情书上的情话，而是自己那颗真心里的情话。

就这样，他们在绵绵情话中度过了每一个幸福的春夏秋冬……

爱情是一株娇贵的花，婚姻是它的花朵，那么，情话就是爱情的肥料。因此，无论是少夫少妻，还是老夫老妻，都要勇

于抛却旧观念，经常大胆地对另一半说些情话，让对方知道，无论身在何方你都深深地爱着他（她）！让你们原本平淡的感情世界里充满更多的温馨与幸福！

当然，对自己的另一半说情话时也要真诚，只有发自内心地对他（她）说出爱，才能打动他（她）的心。另外，如果仅仅嘴甜，光玩"嘴皮子"而没有实际行动也会适得其反。在生活中，夫妻之间还要互相尊重、互相照顾、互相体贴。毕竟，风花雪月虽然迷人，可是，仅有风花雪月的爱情和婚姻，就像个空中楼阁，生活的柴米油盐，就是给这个楼阁建一个坚固的地基，让爱情和婚姻的大厦变得稳固，坚不可摧！

第三章　经营婚姻

多点亲昵，多点幸福

没有什么方式比夫妻之间亲昵的举动更能准确地表达出两人之间的亲近、亲密、亲热、亲爱等美妙情感了。正因如此，早在20世纪初，著名的性医学家海密尔顿就告诉我们："无论何种性的戏耍方式，就心理的立场说，是没有禁忌的。夫妻之间，一切相互的亲昵行为是没有不对的。"

但中国人往往是含蓄的、委婉的，很多时候，我们不善于

向爱人表达亲昵。有人认为"都老夫老妻的了，好好过日子就行了，还讲究那个形式干什么？"可是老夫老妻就意味着像同居的室友一般，可以平淡日复一日吗？有些事情是不应该因时光而流逝的，就像里根去世，南希那深情绵长的一吻令世人心碎，也令世人深悟：亲昵的举动是爱的仪式，永远需要。

也有人甚至将夫妻之间的亲昵举动说成是"黏糊糊""轻浮"和"不正经"。但其实，夫妻间亲吻、拥抱、爱抚等亲昵的举动，能够表达爱意，加深感情。假如你的爱人在外有了"野心"时，你的亲昵举动，更可以起到警告提醒作用：我在认真爱你，请你也要同样爱我。假如爱人已经出轨了，你的亲昵举动，将会令他（她）深感不安，迫使他（她）改邪归正，回心转意。

一对夫妻结婚七八年了，他们曾经深深相爱。新婚起初，丈夫每晚下班回来，要做的第一件事就是到厨房亲吻正忙于做饭的妻子，不管妻子是否汗流浃背，也不管厨房里是否烟雾弥漫。时间一久，这种带有浪漫色彩的表达方式变成了双方都不可缺少的一种需要了。

一次，丈夫带了几个朋友回家吃晚饭，妻子在厨房里做菜。最后一道菜端上来了，却迟迟不见女主人入席。丈夫到厨

第三章　经营婚姻

房一看，妻子正一脸委屈地在抹灶台。丈夫一拍脑袋，想起自己只顾着接待客人而忘了亲吻娇妻，便上前补给妻子一个有力的吻。妻子满肚委屈被吻得烟消云散，马上带着灿烂的笑容来到客人中间。

但好景不长，一年后，丈夫有了自己的公司，他的工作越来越忙了，他开始很晚回家。虽然妻子每天仍旧坚持等丈夫回来，但她等不到他的热吻，这种爱的仪式已经被他忽略了，被他一同忽略的还有妻子对他的爱，以及对他每天的嘘寒问暖。他开始不愿意亲近她，即使回到家，也只顾躺在沙发上看电视，或者默默地吸烟，或者倒头便呼呼大睡，他的心开始向她关闭。

妻子不知丈夫因何改变，她体谅丈夫的辛苦，有时甚至认为丈夫也许是太累了。但是有一天，丈夫回到家向她提出离婚，他的理由是：他已经在这个家里感受不到激情，他厌倦了，他想重新去生活，当然，他向她声明，这并不代表他在外面有人了。

妻子默默地听完后，答应了丈夫的要求，只向丈夫提出一

个请求：一个月后再来正式谈离婚，这一个月里，他必须每天坚持早回家，并且回家后，给她一个热吻——这是她答应离婚的唯一条件。

丈夫看了妻子一眼，不解地问："有必要吗？"

妻子认真地回答说："我提出了这个要求，就证明十分有必要。你发出了这个疑问，就证明更有必要。"

丈夫想了想，最终还是答应了。

于是，在接下来的一个月里，丈夫每天都坚持早回家，给妻子一个热吻。起初，他还有些不适应，因为好久好久他都没有吻过妻子了，所以去完成这个"任务"时，他甚至有些躲闪。但是当妻子闭上眼，那种熟悉的感觉便一点点地回来了，他想起了他们的初恋，那时，当他亲吻她时，她也总是习惯性地闭上她那双大眼睛，他甚至吻到了妻子眼中溢出的泪水，这泪水让他心颤……

渐渐地，他们随意了许多，妻子轻巧地靠在丈夫身上，他能闻到她清新的衣香，不经意间竟发现妻子眼角已有皱纹，想起妻子为家付出的一切他落泪了。他发现他还是爱她的，只

第三章　经营婚姻

是，这种爱被风尘岁月中的忙碌和自以为是所掩盖了，现在，当心境变得澄明而清澈时，这种爱便拨云见日，不可阻挡。

一个月的时间过得很快，最后一天，丈夫早早地回到家，平时从不下厨的他做好了一桌饭菜。妻子回来时，他上前拥抱她，亲吻她，然后在她的耳边轻轻地说："我要每天吻你，一直到老！"

顿时，妻子的眼睛里溢满了深情的泪水……

夫妻间亲昵的举动能增进双方感情，满足双方的精神需求。反之，夫妻间一旦缺少了亲昵的举动，容易产生"皮肤饥饿"，进而产生感情饥饿，最终会使双方关系变得极为冷漠、疏远。

如果要想让你的婚姻充满了柔情蜜意，即便结婚再长的时间，也不会觉得麻木甚至厌烦的话，那么不妨从今天开始，对爱人多点亲昵的举动吧，让心中的爱也能透过肢体的亲昵表现出来，在艰涩和不习惯后，你将会渐渐地习以为常，你的婚姻也将会更加幸福甜蜜，充满激情。

送一份礼物，换一份柔情

有一对夫妇非常穷困潦倒，除了妻子那一头美丽的金色长发，丈夫那一只祖传的金杯表，便再也没有什么东西可以让他们引以为傲了。虽然生活很累很苦，他们却彼此相爱至深。

一年一度的圣诞节又到了，可是家里却没有余钱，拿什么礼物送给对方呢？两个人同时这样想。丈夫想自己妻子的长发特别美，应当送给她一把漂亮的梳子；妻子想自己丈夫的怀表

第三章 经营婚姻

应当配一条漂亮的表链,应当送给他一条漂亮的表链。于是,丈夫卖掉了心爱的怀表,买了一把漂亮的梳子;妻子剪掉心爱的头发,拿去卖钱,为丈夫买了表链。

圣诞节这天,他们一起拿出为对方准备的礼物。这时,丈夫发现妻子一头美丽的头发没有了,妻子发现丈夫的怀表也没有了。难道他们买回的是两件没有用的东西?他们互相拥抱、互相亲吻,都说对方为自己送了一件价值连城的礼物,是一辈子最为珍贵的礼物。

想让婚姻生活充满浓浓的爱意,夫妻之间经常互相送礼物是必要的,这丝毫无损生活质量的提高,反而能表明你对爱人的关心程度。而当你的爱人看到这些礼物时,也会对你充满爱意,因为你是如此在意他(她),他(她)会用更丰厚的爱来回报你的。

或许有人会说:"都老夫老妻了,要什么自己去买,何必搞那么复杂?"其实不然!送礼虽然是家庭开支,可自己去买与你买来送给对方,意义和效果却截然不同。

你也许曾注意到当你将一件小礼物送给爱人时,对方眼中会流露出欣喜和柔情。你也许曾体会过,爱人送你礼物时的那

种内心冲动。这样的礼物，可能所值无几，但它传达的信息，可令人柔肠百结，爱意绵绵。这样的礼物，你甚至会视为珍宝，永远保存。即使许多年后，每当看到它们，你心中仍会涌起难以遏制的甜蜜柔情。

一个周末的晚上，飒黎和一位朋友应邀去赴一场宴会，朋友先到飒黎家等她化妆，飒黎把首饰一件件地搭配着晚礼服给朋友看，朋友无意间发现首饰盒里有一枚十分精美的钻戒，飒黎却一直未动。

"为什么不试试这个？"朋友问。

"不，我不戴这个，"飒黎答道，"一般不戴。"

"一般不戴？"朋友有些不解，"你不喜欢吗？可我倒是觉得它很精美。"

飒黎摇摇头："我很喜欢这枚戒指。"

听她这么说，朋友又问："是不是太贵重了？"

飒黎再次摇摇头。

"我知道了，这枚戒指一定是你丈夫给你买的第一件礼物。"

这次，飒黎点点头。"还因为，我不知道这枚钻戒的真

第三章 经营婚姻

假。"她微笑着,轻轻地说。

接着,飒黎说起了这枚钻戒的故事:"那时我们刚认识不久,我对他的背景几乎一无所知,单因为他这个人就爱上了他,他对我也是如此。定情之后,他说要送我件礼物,于是,一天早上,我收到了这枚钻戒。我非常喜欢这枚钻戒,就常戴着,从没考虑过它的真假问题。可是我慢慢发现,很多人都对它有兴趣,常常询问它的真假。我答不出来,只好含混过去。也许他平常的打扮和我含糊的态度为大家提供了判断的依据,使得大家都不约而同地认为这是枚假钻戒。然而等到我们结了婚,孩子长到三岁后,他们又突然改变了看法。"

"为什么?"

"因为他们知道了我丈夫出生于一个经商世家。"飒黎笑道,"当初他选择我,他父母都不同意,他是瞒着父母悄悄与我结婚的。"

朋友默默地看着这枚钻戒:"你现在还不知道它是真是假吗?"

"不知道。"

"干吗不问他？"

"为什么要问？是真是假又有什么关系？"飒黎说，"再说，我也确实不知道应怎样去问，我甚至认为这个问题一旦提出，这枚钻戒无论真假就都已经一文不值了。"

是的，是真是假又有什么关系呢？这枚戒指是丈夫在贫困时为爱情献出的礼物，别的已经不重要了。现在飒黎把它当作爱的礼物收藏起来，以此换来的幸福感，难道不比它是一枚价值连城的钻戒更有意义吗？

所以，即使你非常粗心，也别忘了在爱人生日和结婚纪念日那天买份小礼物。要知道，对于夫妻来说，一件好的礼物，不仅可以加深双方的感情，而且还可以令对方终身难以忘怀。

第三章　经营婚姻

距离不一定产生美

　　人们常说距离产生美。想想也是，比如去欣赏一幅油画，离得太近了，只能看到一些乱七八糟的色彩，并且怎么看怎么觉得不像是一幅画，必须离得远一些，当然也不能离得太远，不然就看不清楚了，最好是站在一个合适的位置，才能看出效果来。其实经营婚姻的道理也是这样，夫妻之间虽然有着全天下最亲密的关系，可这并不代表这种关系就可以没有间隙，事

实上恰恰相反，夫妻之间越是亲密就越要有间。婚姻生活中，男女双方就像是在冬日里互拥着取暖的刺猬，太近了会刺到对方，太远了又忍受不了寒冷的侵袭。

还是在恋爱的时候，男女之间由于不是天天在一起，所以相聚时总会倍觉新鲜，也倍加珍惜，越看对方越觉得称心如意。其实，那时男女双方之所以会有这样的一种心理，就是因为两个人总是时合时离，时聚时散，让人感到似有却无，欲得若失，令人遐想联翩。而当两个人结了婚，一起住进精心布置好的新房，朝夕相处，时间久了，彼此之间不再是雾里看花，因此也就没有了那种朦胧的美感。于是，以前的他不拘小节、洒脱不羁，如今在你眼里这些却变成了邋遢和不修边幅；而你以前偶尔耍耍小性子、发发嗲，他会认为是你天真，觉得好玩，现在他却说你长不大，太缠人。这正如赫尔岑所说的那样——人们在一起生活太密切，彼此之间太亲近，看得太仔细、太露骨，就会不知不觉地，一瓣一瓣地摘去那些用诗歌和娇媚簇拥着个性所组成的花环上的所有花朵。

刚结婚时，小叶常常要求丈夫陪她一起散步，一起打球，一起看电视，即使是丈夫不喜欢的节目，小叶也要他陪自己看完。因为小叶认为相爱的夫妻就应该这样形影不离、亲密无

第三章　经营婚姻

间。那时丈夫离开小叶哪怕一分钟,小叶都会紧追后边问:"什么事?"或者是"到哪儿去?"

小叶的过度依赖,很快便使丈夫难以忍受,于是丈夫下班后总是在外面待一会儿再回家。即使是在家里,他也总是很晚才睡,他希望小叶睡了以后,自己可以安安静静地上网或者是看电视,享受独处的静谧与放松。

丈夫的做法让小叶感到很受伤害,她愤愤地问丈夫:"为什么要有意疏远我?"

丈夫略一沉思,回答说:"平常在外面,本想和朋友聚会,可一想到你的习惯,马上就兴味索然。老婆,你知不知道,你的过分关怀几乎令我窒息……"

这话令小叶顿感不妙,她可不想因为自己的爱而使丈夫不快乐,从而影响夫妻感情。于是,反躬自省,小叶赶紧保证:"从现在开始,我会亲密而有间地待你,让你保持婚前一样的身心自由。"

"真的吗?"丈夫半信半疑地问。

小叶用极其肯定的语气回答说:"当然是真的!"

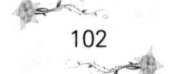

丈夫感激地将小叶拥进怀里:"宝贝,好好给我当太太吧!这一地位已经够尊贵的了,何必还要费力不讨好地兼职当保姆呢?"

从此,小叶不再要求丈夫把所有的业余时间都留给自己,丈夫下班回来后如不主动汇报一天的活动详情,她也会收敛起无穷的好奇心,决不追根究底地去问个清楚明白。

终于有一天,小叶的丈夫在客厅踱来踱去,他忍不住问:"奇怪,你怎么不问问我最近都干了些什么了?"

小叶暗自偷笑:"当然想听,但是不包括你不想说的那些。"

很多人认为,既然是夫妻,就应该如同是"合二为一"的合金体,这样才会够坚硬,也才牢不可破。其实恰恰相反。诗人契诃夫曾把爱妻比喻为月亮,但他却不愿爱妻夜夜出现在他的房间里。有人戏称夫妻最好"等距离相交,远距离相处"。事实上也确实是这样的道理。每个人都有视觉上的疲倦期,再好的风景若一天到晚总在眼前的话,看久了也就感觉不出美来了,既然这样,一个聪明的女人,何不与丈夫保持着一种亲密有间的距离,不至于让他看到厌烦,还能阻挡住他眺望别处风景的视线。

第三章　经营婚姻

女人的柔弱也是一种武器

我们经常在一些家庭中看到这样的一幕：夫妻两人为了一件原本很小的事情，争吵得面红耳赤，你一句我一句，双方都毫不示弱，一副为了真理而勇于献身的架势。

想来在这些夫妻的心里，难免会有杀鸡用宰牛刀的遗憾，可是毕竟没有现成的牛可用来宰，杀只鸡就当是过了一把瘾，毕竟聊胜于无嘛！只是他们混淆了这样一个界限，夫妻之间

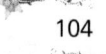

并不存在敌我矛盾，因此也就大可不必非要争辩出个谁是谁非来，更无须以对待敌人的态度来对待另一方。雷锋同志不是早就告诉我们说：对待同志要像春天般温暖，对待敌人才要像严冬一样残酷无情呢！更不要说共同生活在一起的夫妻了。

其实在现实生活中，很多夫妻之所以会把原本一件很微不足道的事，吵到如此"惨烈"的地步，很大程度上是由于双方都不肯示弱，觉得若自己再坚持一下，对方就会先向自己低头认错；觉得若自己先示了弱，就助长了对方欺负自己的气焰，以后哪里还会有自己的好日子过……可是他们却忘了，当初自己之所以要和对方走入婚姻，是因为爱，而并非是为了能过上地主婆的日子，对方又何尝不是这样呢？

因此，作为一个聪明的妻子，如果你的丈夫是一个死爱面子的人，即使在你面前也放不下他那份所谓的男人尊严，你先示弱又有何妨呢？俗话说柔能克刚，当你运用自己天生的柔弱气质来对待丈夫的怒气时，即便他再觉得自己有理，也只能百炼钢化为绕指柔了。

第三章　经营婚姻

女人在男人面前不要太强势

在现今社会，很多女人也像男人那样，学着以一种独立、强硬的姿态来面对社会、面对生活，尤其是一些女强人。这一方面是社会进步的体现，男女的地位平等了，女人不用再像过去那样，一天到晚只是待在家里操持家务，大门不出，二门不迈，最大的梦想就是丈夫能赚了钱早点回来，顺便给自己买些胭脂水粉什么的。可另一方面，有些女人由于太独立、太强

硬，于是出现了这样一种现象：她们有着超强的能力，在事业上大多都取得了一定的成功，带领着一个团队或管理着一家公司，无论走到哪里，总能让人感觉出她们的精明干练——可是，她们大多不能拥有一个和睦温馨的家庭。原因很简单，她们总是自觉不自觉地把职场上的那种咄咄逼人的态度拿回到家里来，因此，总是在精神上给家人带来很大的压力，尤其是对于她们的丈夫来里说，在她们面前总感觉到自身的无能和低劣。

小澜凭着自己多年在商场上的拼搏，终于取得了事业上的成功。而她的丈夫是一所高中的老师，这么多年了，还是老样子。有时她也劝丈夫去活动活动，可丈夫就是无动于衷。既然丈夫不肯，她也无所谓，反正自己赚的钱足够一家人生活了，也不靠他挣钱养家。她买了一套带花园的房子，装修的时候，她象征性地征求老公的意见，老公只是诺诺地点头，说就按你的意思办吧。

不知从什么时候开始，丈夫在小澜面前总是一副沉默寡言的样子，有什么事找他商量，他也总是说你自己看着办吧。幸好她也不指望丈夫能帮自己什么，这么些年自己一个人在外面打拼，她早已学会独自面对各种难题了。

第三章　经营婚姻

　　一个偶然的机会，她从丈夫的一个同事嘴里听说，丈夫和学校的一个女老师走得挺近，两个人的关系好像很暧昧。那个女老师的丈夫几年前出车祸死了，有一个五六岁的儿子，日子过得很艰难，丈夫经常帮她做一些粗重的活儿。她想，丈夫是出于同情才去帮那个女老师的。再说除了自己，有哪个女人能看上他。

　　晚上回来的时候，她半开玩笑地向丈夫询问这件事，谁知丈夫一改从前在她面前低眉垂眼的神情，直起腰来很严肃地对她说："其实这件事我已经考虑很久了，我们离婚吧，我觉得那个家更需要我。"

　　小澜初听之后，简直不敢相信自己的耳朵，她一直觉得就算自己和老公有一天要离婚的话，也应该是她提出来而不应该是老公。她难以置信地看着老公，见他一副郑重其事的样子，坐在那里等她的答复。她一下子明白了，老公说的是真的，并不是在跟她开玩笑。想到结婚这么多年，自己为这个家忙前忙后的，让他过着不愁吃不愁穿的日子，现在他却要跟自己离婚，小澜实在无法接受，但她并没有像别的女人那样变得歇斯

底里，而是忍着眼泪对老公说："容我再好好考虑一下。"

第三天，小澜和丈夫办理了离婚手续。丈夫没分家里的任何财产。小澜虽然很伤心，可她觉得用不了多久，老公就会再回到自己身边的。她去过那个女人住的地方，一个快要报废的筒子楼。这么多年来，丈夫都一直被自己伺候得舒舒服服的，她觉得丈夫受不了那样的苦。

然而事情却并非如她想象的那样，老公没有再回到她身边来。一次，她无意中从那栋筒子楼旁经过，看到丈夫跟那个女的很亲密地骑着自行车出现在她视线里，她这才蓦然间发现自己原来还是深爱着丈夫的。

回家后，她打电话给丈夫，邀请他周末来家做客。丈夫犹豫了一下，答应了。

那天，她早早地起来，把家里收拾得干干净净，并准备了一桌丰盛的饭菜。中午的时候，丈夫带着那个女人的儿子来了。那个小男孩紧拉着丈夫的手，怯生生地打量着对于他来说如同皇宫一样的房子。在和丈夫交谈的过程中，小澜明显感觉到了丈夫对目前这种生活的满足，她的心凉凉的。在送丈夫出

第三章　经营婚姻

门的时候，小男孩雀跃地蹦跳着拉住丈夫的手，丈夫直直地挺着腰板。望着丈夫渐渐远去的身影，她忽然有一种备感劳累的感觉，也有些明白丈夫为什么要和自己离婚了。

女人要懂得示弱

在自然界里,寿命最长的动物应该就是乌龟了,能活个万儿八千年,就连身为万物之灵长的人类也望尘莫及。或许乌龟能长寿的原因有很多,但跟它遇到强敌时不与之产生争斗,而是把自己柔弱的头和四肢缩到硬梆梆的龟壳里不无关系。因为只有这样,乌龟才能使自己免于受"硬伤",也才能活得长久。世界上的许多道理是相通的,无论是相对于人类,还是动

第三章　经营婚姻

物，示弱都是一种自我保护的有效方法。

世间没有完美无缺的事物，人类更是如此，总是在收之桑榆的时候又失之东隅，有多少弱点就有多少失败的可能，而只有学会示弱，才能隐藏起自己的弱点。有一些初入社会的年轻人，由于不懂得示弱，在急于求成的心理下一开始就摆出一副恃才傲物的架势，因此为自己以后的发展埋下了隐患。《史记》里说"强弩之末，矢不能穿鲁缟也"，而太急于求成的人，往往不经意间就让自己成为了强弩之末，其实，此时大可以示一下弱，这何尝不是一种取得胜利的战略战术呢？尤其是当对手过于强大的时候，示弱可以迷惑对手，使其麻痹大意，而对手的疏忽不正是己方的机会吗？

在一个人的生命中，懂得示弱是一种成长。人世间，阴阳相生又相克，强弱也只是一时一地，没有谁能够永远都处在上风，因此上，示弱不仅是一种谋略，更代表了一个人的素质和涵养。

在夫妻之间，由于性别上的差异，一个女人最大的智慧就是懂得在某种程度上向男人显示自己的柔弱。尤其是在我国的传统文化中，男人的身上往往背负着太大的压力，他们除了做有着铮铮铁骨的男子汉，以刚强、勇敢的形象示人之外，别

无选择，这也就是男人生命的长度和韧性往往逊色于女性的原因。因此，一个聪明的女人最懂得如何示弱，即便她远不像她所表现出来的那么软弱。

在家庭生活里，妻子在丈夫面前表现出来的软弱，往往会让丈夫有一种被需要、被重视的感觉，这会让他们更有责任感，更有保护自己妻子和家庭的欲望，也就不再会为了某件事而跟妻子太过于计较，因为他们觉得，自己若跟这样一个弱不经风的女人较真儿，也太不像个男人了。因此，女人适时地表现出自己软弱的一面，是维系家庭和睦的一个妙招。夫妻相处的时间长了，极容易产生对立，往往为了一件很微不足道的事情而产生争执，可是在家庭生活中，很多时候是没有什么道理可讲的，既然这样，何不以一种柔弱的姿态来"和稀泥"呢？这样不但不会伤及与丈夫的感情，还能获得更多丈夫的爱恋和体贴。

女人之所以要在适当的时候先示弱，其实无非也就是为了保留丈夫的颜面。要知道，男人对于面子问题历来是相当重视的，即便在家里他只是你宠养的一只"猫"，他也要在外人面前装出一只"虎"的架势来。其实，这个时候作为妻子的你，大可不必在此时跟他较真，大可以让着他，让他显得比自己

第三章　经营婚姻

强,这样才能在回家后让他更安心地做你的一只"猫"。

张先生在京城开了一家餐馆,生意可谓兴隆,但唯一美中不足的是惧内,而且畏之如虎。一日,恰逢餐馆打烊的时候,妻子又河东狮吼了。张先生情急之下,忙逃到桌子底下暂避风头。谁知这时来了几个老顾客,看到张先生这副样子一时面面相觑,进退两难。他的妻子忙赶着过来,急中生智地拍了拍桌子,说:"我说抬好,你非要扛,正好现在来了帮手,下次再用你的神力吧!"张先生顺坡下驴,边往出钻边说:"我扛就好了,虽然是老顾客,也不好麻烦人家。"几个客人见此哈哈一笑,便动手随便把桌子挪了个地方。

不可否认,在每个男人的潜意识里面都有一点"大男人"主义,尤其是在自己心爱的妻子面前,他们希望自己就像一把撑开着的大伞,让自己的妻子在里面遮风避雨。也正是因此,他们也就越希望自己的妻子能捧着自己,让自己很有面子。

俗话说"男人靠捧,女人靠哄",一个妻子捧自己的丈夫,其实就是在捧他的面子,而丈夫也会因此更加心甘情愿地给予她更多的回报。当然,捧自己的丈夫并不就是一味地恭维,这样不但会使自己身心俱疲,还会让丈夫看轻了自己。

幸福的女人

捧自己的丈夫，就要捧他的得意之处，例如他在某一方面有特长，并且时时拿来炫耀，那么，作为一个聪明的妻子，你就应该捧他的这一点，即便他的这一特长并不一定就比别人长多少，你也不妨夸张一些。他喜欢打篮球，你就可以夸他球技虽然跟某个篮球明星比还略逊一筹，但投篮的姿势和神态像极了；他闲暇时喜欢挥毫泼墨，即便字写得很丑，你也要装着很欣赏的样子，说他的字笔走龙蛇，不留神还以为是张旭的真迹呢。也许这时丈夫会不耐烦地说："去，你懂什么，我哪有那么高的水平。"但你绝不能因此就放弃，要知道，其实这时他的心里已经暗暗接受了你的吹捧，只是嘴上不说而已。

在日常的家庭生活中，一个聪明的妻子可以运用"捧"的技术来化解夫妻之间的矛盾和分歧。尤其是在向丈夫提出批评和忠告时，这种方法实在是一种最为高明的技巧。你可以"先捧后摔，摔后再捧"，这样不但不会伤了丈夫的面子，还能使他对自己进行反省。不妨先承认——"我不好""我不对"，然后再根据具体事情拐弯抹角地夸丈夫一番，话无须太多，但一定要让他信以为真，然后你再乘着他正心情愉悦的时候，说一些含有指责意味的话，如"我觉得这件事要是那样办，可能会更好"之类的话，由于此时他的抵触心理是最低的，所以你

第三章　经营婚姻

的话听起来也会很顺耳。

　　另外，要想使自己对丈夫的"捧"显出效果，你还要注意如何给自己的"捧"收尾。有始无终的"捧"会使丈夫很觉得泄气，甚至生出对你的反感来。因此，在最后你可以说："没想到事情这么快就完成了，你真能干！"之类的话。不要小看这样的几句话，它可以顺理成章地把你的意思变成两个人商量的结果。

幸福的女人

用温柔的态度做事

张小娴曾在书中写过这样一句话:"女人要在两个人的时候软弱,一个人的时候坚强。"张爱玲说:"一个善于低头的女人是最厉害的女人。"从这两名知名的女性作家这里,我们可以得出这样一个结论:女人在男性面前的示弱,不但不会被对方理解成是一种没本事的表现,恰恰正是征服男人最有效的一个方法,而且越是一个坚强的女人,示弱的魅力就越大,因

第三章　经营婚姻

为这会让男人彻头彻尾地相信，这个女人只在自己面前才表现得如此有女人味。

长久以来，在我国大多数男人的传统意识中，都把女人当作是水做的，因此他们更喜欢女人适时流露出来的那种天真和弱小的神情，也更愿意给这样的女人更多的呵护和疼爱。因此，聪明的女人往往最能抓住男人的这种心理，也最懂得该如何表现出自己柔弱的一面，她们知道，示弱并不是事事处处的迁就，而是给男人个机会让他去逞强，只是这个机会，就握在女人的手上。

首先，给予他真诚的赞美。这个世界上，并不是只有女人才需要赞美，男人也同样需要，因此，这也成了每个聪明女人最常用的手段，她们总是利用一切能够利用的机会去赞美、去鼓励他，即便是一件很容易就能完成的事，也能让男人觉得他的付出非常有价值。

其次，给他得意的机会。在很多男人身上都有这样一个毛病，当他们去做一件他们并不擅长的事情时，即便完成得连差强人意都不到，也不承认是自己能力不及，反而还要拿出来显摆。此时，一个聪明的女人不但不会给他当头棒喝，反而会故意示弱，给他机会好好去得意一番。这样做并不是真的把他当

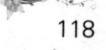

成"超人",而是让他觉得自己像一个"超人",可以解决所有遇到的麻烦。这就是女人示弱最具有艺术和效果的地方。

最后,用温柔的态度去做自己想让他去做的事。女人最不可轻视的就是自己的温柔,更不能忽视的就是男人在温柔面前的反应。女人的温柔仿佛天生就是男人的克星,无论一个多么粗犷的男人,一遇到那极具女人味的温柔,都会毫不犹豫地缴械投降,有时甚至连内容都没听清楚就一口应承了下来。因此,一个聪明的女人往往也是一个温柔的女人,即便她们多么急切地想让男人去做一件事,也会耐下性子来,让自己保持着温柔的态度。

第三章　经营婚姻

爱情不必追逐，恰到好处就行

当女人还是个懵懂的少女时，就会在内心里描绘自己未来的美好生活：有一份稳定的工作，找一个胜过世界上任何男人的男人做老公，住在一间虽不要很大却有落地窗户的房间里……

可是当走到婚姻边缘的时候，极少有人能真的如愿以偿，大多数女性会发现自己那时所描绘的，虽不至于显得太过于幼

稚，却也只能是一厢情愿地想象，且不说其他的，若真找到了一个胜过任何男人的男人，总会觉得不放心，而找一个不如任何男人的男人，却又心有不甘。于是，眼看自己的年龄一天比一天大，有些女人就此把心一横眼一闭，和适时出现的那个男人步入了婚姻的殿堂，尽管这个男人或许并不是她们最想要嫁的那个男人，但也不至于是一个不如任何男人的男人。

结婚了，却不如自己想象中的那样，两个人之间总会有一些小隔阂和摩擦，此时女人就会想，如果当时和自己结婚的是自己一直寻找的那样的一个男人，情况就不会是现在这幅样子。于是，很多妻子开始以一种挑剔的标准来规范丈夫，希望他能变成自己想象中的样子——很多时候就是这样，人间之所以会有悲剧的出现，就在于人们把头脑中的想象强加到生活里来了。

殊不知，即便你真能找到一个你头脑里想象的那个胜过任何男人的男人，可谁又能保证他身上就没有你所未能想象到却使你无法忍受的缺点呢？上天并没有专门为你创造一个令你觉得一辈子看不厌的老公的义务，何况你现在正和这个男人一起生活，他的痛苦也就是你的痛苦，他无法快乐起来，你又如何能得到幸福呢？

第三章　经营婚姻

在这个世界上并不会存在完全如你所想象的那个人，若你一直固执地那样认为，那只会在对对方苛刻的同时，也苛刻了自己。其实，每一个女人都是一所学校，你若想要有一个好老公，就要先让自己成为一所好学校，而最主要的就是内心不要有太多对他的抱怨和不满。

少一分唠叨，多一分理解

许多研究婚姻的学者都认为，在婚姻生活中，一方对另一方在某个方面的暗示，会给对方造成很大的影响，无论这些暗示是负面的还是正面的。也就是说，如果你希望自己有一个邋里邋遢、自私自利、脾气暴躁又无能的丈夫，那就尽情去对着他抱怨、攀比、讽刺、嘲笑吧。或许，开始的时候他并不是那样，可是时间长了，不但你心里会认定他就是那样，连他自己

第三章　经营婚姻

也会认为自己就是那样，并认真地按照那样去做；如果你希望自己的丈夫完全是与其相反的另一副样子，那么，从现在起就收起你对他的抱怨和唠叨吧，这些并不能帮你教育好自己的丈夫，反而会教坏他。

其实，负面暗示对人造成的影响，我们在家庭教育中有很深的体会。如果你经常在孩子面前说一些诸如"你小子这辈子不会有什么出息了""三岁看大，七岁看老，你算是改不了了"之类的话，孩子会很容易陷入自卑的阴影里，而且即便是长大成人之后，也很难抹去这种心理上的阴影。

有些妻子或许并不认同这样的观点，她们觉得自己对丈夫抱怨、嘲笑，正是为了使丈夫变得更符合自己所希望的那样，再说丈夫也已经是成年人了，怎么可能会像孩子一样呢？其实，所谓的成年，只是指在一定的经历和思维上建立起来的专属于自己的观点和看法，一般情况下，对于外来的与其相左的信息会产生排斥，但是再坚固的城墙也架不住大炮摆在那儿一天到晚地轰啊，更不要说你丈夫那些并不如城墙坚固的成年人的思维和价值观了。

能出淤泥而不染的恐怕只有莲花了，古往今来有几人能真正做到这一点？所以你也不要幻想着有一天丈夫能在你的恶语

相加中如莲花般挺立。人们常说一个成功男人的背后往往会有一个好女人，而这个女人也必定是个聪明的女人，她像伯乐一样把丈夫调教成一匹千里马，并让他去广袤的天地中去驰骋。

第三章　经营婚姻

敞开心扉

　　面对同是放在面前的半杯白开水，不同的人会有完全不同的反映，有的人会欢呼："真不错，还有半杯水给我喝。"有的人则会叹口气："怎么只剩下半杯水了！"有的人会诘问："为什么是白开水，而不是可乐或别的什么饮料？"有的人则会思索："给我的为什么是半杯而不是整杯呢？"
　　其实，放在面前的就是半杯水，无论你是欢呼还是叹息，

或者别的其他什么表情，也无法改变这样的一个事实。生活中的很多事就如同这半杯水，无论你满意与否，都无法也没有能力去更改，你唯一能更改的是自己面对这半杯水时的态度，是高兴抑或叹气。

同样在夫妻生活中也是这样的道理，你丈夫就是那样一个人，他就活生生地在你面前，你只能在承认并认同这一事实的基础上去因势利导地让丈夫更符合你的期望。不要轻视在生活中对丈夫的正面暗示，若你能肯定他的努力，那种成就感会让他保持上进的激情，并在以后的某一天为你赢得你想要的生活，即便他现在只是一个无名的小人物；若你能在朋友面前骄傲地谈起他，说着你们共有的那些温馨的幸福片段，你不但会从朋友的眼中看到羡慕，还会发现丈夫正向着你说的那个方向发展。

每个人的眼睛都是一面打开着的窗子，我们站在窗前注视外面的世界，外面的人也透过这扇窗子来了解我们，可若你关闭上了这扇窗子，就只能守着一间黑洞洞的空屋。在这个偌大的世界里，每个人都需要从别人那里取暖，因此，哪怕是你一个赞许的眼神或一句赞扬的话，都能给对方以肯定和支持，燃起他胸中的火焰。

第三章　经营婚姻

　　刚结婚的时候，小李一副雄心勃勃的样子，要为自己所爱的妻子营造一个更好的生活环境，可对于他这样一个一点门路也没有的小人物来说，要做到是相当困难的。此时，他最需要的是妻子的爱和鼓励，好让他能坚持下去。可是妻子却总是一副很紧张的神情，还动不动就对他说："能做成吗？要不咱们不做了，万一赔了，还不如咱们就这样好好过日子呢！"开始的时候，小李还不是很把妻子的话放在心上，有时笑骂她是头发长见识短。可是妻子这样的话说多了，小李发现自己在做生意的时候没有了之前的那种魄力，无论之前做过多详尽的市场调查，还是觉得并非万无一失，这令他感到极度的痛苦，以至于到后来，他再也没有勇气去做生意了，找了一份相对稳定但收入微薄的工作过着朝九晚五的日子。

　　小李的妻子宁愿与小李一起过安贫乐道的日子，也不愿他去冒险。从一个男人的角度上来说，能娶到这样的一个女人做妻子，实在是件很幸运的事，可毕竟"贫贱夫妻百事哀"，让生活更好些难道不好吗？为此去冒一些险难道不值得吗？即便是做赔了，日子还不是这样一天天地过吗？好多妻子似乎总不

知道自己的丈夫到底最需要的是什么。

　　爱并不是把对方捆绑在自己的身边一起过日子,而是在让对方感觉到自己对其浓烈的爱的同时,也能有一片属于他想要的天空。对此,一个聪明的妻子应该做的,就是适时地给丈夫以鼓励和赞扬,让他把这片天空描绘得更色彩斑斓,毕竟你们头顶着的是同一片蓝天。

第三章　经营婚姻

多给对方一些赞扬

　　还是在远古时期，有一位叫皮格玛利翁的塞浦路斯王子，十分喜爱雕塑。一次，他从远方来的一个客商手里买下了一尊美女雕塑。这尊美女雕塑是如此逼真而美艳，以至于令王子爱不释手，每日里都以深情的目光观赏不止。谁知后来看着看着，美女竟然活了。

　　这可能只是人们杜撰出来的故事，要发生也只能是远古时

期，远得我们后人根本无从去考证，因此也就无法确定是否没白天没黑夜地捧着一个泥做的美女雕塑观赏，就真能让她活过来。想想也是件不可能的事，不然全天下的光棍汉岂不是成了最令人艳羡的职业了，他们有的是时间可以捧着一尊泥塑的美女观赏而不被人打扰，也有的是时间等待着她活过来。

能令一尊泥塑的人活过来的本领，想来也不是我们这些俗世男女能够掌握的一门技能，但我们却可以把赞赏、信任和期待的目光留给身边的人，要知道，这里面有一种神奇的力量，可以改变一个人的行为，让他向你想要他去的方向发展。

很多妻子或许都有过这样的经历，丈夫正在摆弄着一个花瓶，你看到后便提醒道："就你那笨手笨脚的，别不小心给打碎了。"不多大一会儿，你的耳边果真就传来花瓶掉在地上破碎的声音；或者丈夫突然自告奋勇地说要帮你洗碗筷，你边把手擦干边交代说："小心点，很滑手的，别把碗给打破了。"谁知，你转身离开还没走到客厅呢，身后就传来打破碗的声响。有时候你会忍不住想，丈夫是不是故意这样做，以此来向自己示威呢？

其实，丈夫之所以会如此笨手笨脚的，一方面是由于你平时没对他加强要求和锻炼，此类的事情他根本不常做，偶尔

第三章　经营婚姻

做一次就发生意外原本也是意料之中的事；另一方面则是因为你在无意中给他施加了压力。不要以为你只是轻描淡写的一句话，丈夫会在内心里不停告诫自己千万不能出问题，可事情往往就是这么奇怪，越是害怕它发生，往往就发生了。

　　最初的时候，每个人都是一颗粗糙的沙砾，而要想成为一颗晶莹剔透的珍珠，就必须在外面包裹一层层的珠母；一个人也只有在被赞扬声包围着的时候，才能散发出他全部的美丽。这正如著名的治疗师与畅销书作家戴芙妮·露丝·金马曾说过的那样，赞扬是心灵的滋补剂，它会使一个人重新审视自己，从而激发出他身上潜藏着的自尊来，并非常微妙地使他的美德得到最大限度的发展。

穿什么样的鞋,自己知道

很多妻子似乎总喜欢在丈夫面前提及别人家的幸福情景,例如说某某今天和她丈夫去逛商场了,买了很多东西回来;某某同事的男友把一束玫瑰花送到了她的办公室里,中午两个人还一起出去吃饭了……她们这样说,或者是无心或者是有意,潜台词无非是想告诉丈夫,你也应该陪着我去逛逛商场了,或者你也应该像我同事的男友那样浪漫一次了。

第三章　经营婚姻

且不说丈夫在听完你的这些话之后，会不会果真那样去做，毕竟不是每个男人都能受得了那种从一层逛到顶层、从一家商场出来再进另一家商场的罪，也不是任何一个男人都习惯在众目睽睽之下把一束花捧到你面前，然后手挽着手去共进午餐，还脸不红心不跳。其实，更多的丈夫不会听懂你这些话里面的潜台词，他们要么把你的话当作无聊的牢骚置之一边不加理睬，要么就会认为你这是在暗示你们之间还不够幸福。

曾有过这样的一对夫妻，之所以说曾有过，是因为他们现在已经不是夫妻了。不过，话还要从他们仍是夫妻的时候说起。那时，妻子一天到晚在丈夫面前提起她的同学或朋友的幸福婚姻生活，有时还拿邻居家来和自家相比。开始的时候，为了让妻子也能有同样的幸福感觉，丈夫也很努力地去做，例如妻子说她某个同学或朋友两口子去春游了，丈夫就抛下手里的工作，也筹划着去春游……可结果却往往是丈夫忙活了半天，最终也并不能合妻子的意。时间一长，丈夫也开始厌烦了，终于有一天，当妻子又说到往日恋人现在的幸福生活时，丈夫大发雷霆，指着她的鼻子说："你觉得和谁在一起幸福就和谁过去吧！"

诚然，每个幸福的婚姻都是相似的，每个不幸的婚姻各有各的不幸。但相似毕竟不等同于相同，更不可以照猫画虎地去生搬硬套，别人吃过的东西再咀嚼也是无味的，若因此亲手把自己的婚姻断送了，也让它成为诸多不幸婚姻中的一种，无疑是最为不幸的。都说婚姻就如同那双穿在你脚上的鞋子，鞋的样式是否漂亮别致倒是其次，重要的是鞋子是不是合脚，穿起来是不是觉得舒服？穿着不合脚也不舒服的鞋子，再漂亮别致也只能带给你疼痛感，可要是穿着既合脚又舒服的话，你又何必去在意别人穿什么样的鞋子呢？

第三章　经营婚姻

爱情要把握，婚姻要经营

　　一首歌里面唱道："相爱总是简单，相处太难。"当时觉得很不可思议，既然是相爱的两个人，有幸能够生活在一起，谢天谢地还来不及呢，怎么反而会难以相处呢？结婚后我才慢慢地知道，原来在两个人的生活中，并不是一个简单的"爱"字，而且往往越是两个相爱的人，伤害起来的程度越大，或许是因为彼此之间太了解对方了，或许是因为日子过得太习以为

常了，于是，对方无意间的一句话就有可能使自己受伤，而自己伤害到了对方却懵然不知。

爱情是需要好好去把握和珍惜的，而婚姻则需要很耐心地去经营。当爱情来到的时候，若没有好好去把握或珍惜，都将是多年之后回想起时的满腹惆怅，数声叹息。婚姻若只去经营而缺乏耐心，只会如同还没有修葺好的房屋，断砖破瓦充斥其间。可若只有耐心而不懂得去经营，最终的结果只能是要么你忍耐到了极致，终于无法再忍受下去，勃然而怒，拂袖而去；要么就是对方实在不愿跟你这种打死也嘣不出一个屁的人过日子，毅然离去。

夫妻之间如何相处，实在是人世间最大的一门学问，那么，从一个男人的角度来说，妻子在生活中需要注意哪些方面，才会使他不至于觉得受到伤害，同时还能保持对生活的热爱、对婚姻的满足呢？

1. 不要在丈夫面前说起邻居或朋友的成功

无可否认，在每个男人的内心里面都燃烧着对成功的强烈渴望，因此，他们对事业总是一副很执着的态度，表现得很有上进心，此时妻子应该做的除了给他必要的支持和鼓励之外，还有就是不要太过于急功近利了。必须得承认，在这个世界上

第三章　经营婚姻

成功毕竟只属于极少数的几个人，大多数的人都在平凡的生活中过着平凡的日子，做自己应该做的事，承担自己应该承担的责任。如果你总是在丈夫面前提起别人如何如何成功，不但不能激发出他争强好胜的心来，反而在无形中增加了压力，让他觉得厌烦，变得愤世嫉俗。

2. 不要表露出对他人的羡慕之情

邻街商场的橱窗里陈列着一件羊绒大衣，样式新颖而别致，第一眼看到，她就喜欢上了。可摸摸自己的兜，没有那么多的钱。想想也是，丈夫和自己都只是公司里的小职员，哪里有钱买这么贵的衣服。没过几天，她发现邻居太太的身上穿着那样一件大衣。每次看到，她都会情不自禁地流露出羡慕的表情。尽管她从未说过什么，可是丈夫每次注意到她这样的表情，心里都会又内疚又自卑。

莫泊桑的《项链》故事中那个爱慕虚荣的公务员的妻子玛蒂尔蒂，为了一串项链付出了十年的苦役，怎么想都怎么觉得是件不值得的事情，或许是由于男女之间在思考问题的角度上有所区别吧。可是一个善解人意的妻子，怎么忍心把丈夫推到因经济原因无法满足妻子欲望而痛苦的境地呢？虽然贫贱夫妻百事哀，可你不是正拥有着丈夫对你的完整的爱吗？要知道，

很多女人并不是如你这般幸运的。

3. 满足自己现在的生活条件

"漂亮的女人让男人把持不住,漂亮的房子让女人把持不住,于是,男人才建造漂亮的房子来让漂亮女人住。"很奇怪他为什么会说这样的话,因为我见了太多漂亮房子里并没住着漂亮女人的情况,不过值得一提的是,住在那些房子里的女人脸上都流露出满足的神情。由此可见,房子对一个女人有着怎样巨大的诱惑力,或许在她们的内心里面,会觉得房子越大才越有安全感。

可是在这个方面,男人的想法却令很多女人感到吃惊。曾有人专门为此做了一个调查,结果显示,男人想到的并非女人、结婚、成功之类的,而是安定。男人都觉得,房子就是家。如果妻子对房子挑东挑西的,丈夫会觉得很难以理解,甚至很反感,他会觉得你这是在发泄对这个家的不满,而他若有了一个这样的想法,事情往往就会向坏的方面发展。

其实,即便你一直梦想着有一所大房子,并将此当作努力的目标,也无须在丈夫面前表露出来,何况就是在这间屋子里,承载着你和他太多美好的回忆呢!

4. 幸福要让全家人知道

第三章　经营婚姻

　　经常会见到这样的妻子,一旦和丈夫闹了点矛盾,受了些委屈,就跑回到娘家去,对着自己的父母一把鼻涕一把泪地哭诉丈夫的种种不是。本来丈夫只有一点点的错,结果弄得像是个十恶不赦的人似的。而父母呢,在安慰苦命女儿的同时,开始懊悔当初没有替她好好把关,以致让她落得个这样悲惨的境地,心里也就对这个女婿没有了好感。也许你经过一通发泄之后,郁结的情绪得到了释放,又觉得丈夫虽然有不对的地方却也并非不可原谅,可是接下来该怎么办呢?在家跟丈夫吵得四邻皆知,自己灰溜溜地回去多没面子,再说跟父母都把丈夫数落得那么坏了,现在再跟父母说要回去,又如何能开得了口呢?难道就这样跟丈夫离婚吗?于是在突然之间发现,自己使自己陷于了孤立无援的地步。

　　其实,与其把自己的委屈和抱怨一股脑儿地倾诉给家人听,却并不能得到任何实质性的帮助,还不如告诉家人丈夫对自己如何体贴如何关心呢,即便他并没有你说的那么好,但舆论已经造出去了,他想不跟着改变也不行,万一哪天让别人看到他并非像你说的那样对待你,他男子汉的颜面不是就只能被拿去扫地了吗?

　　夫妻之间的事往往就是这么神奇,只要你表现出对婚姻充

满信心的样子来,并让众人相信对方确实一直这样对待自己,不久你就会发现,你不但成为了他人眼中幸福的典范,对方也果然如你所期望的那样,朝你想要他去的那个方向行进。

第三章　经营婚姻

要有秘密

很多人觉得在爱情和婚姻中，爱对方就要完全坦白并忠诚；向爱人毫无保留地坦诚自己的过去，是信任和休戚与共的标志；如果有所隐瞒的话，自己的内心会一直遭受谴责，觉得对不起对方……

从道理上说，确实是应该这样。试想一下，将会共度余生的两个人之间如果还存在着隐瞒和欺骗，是一件多么令人觉

得不应该的事。而且在夫妻之间，任何一方都不希望另一方对自己有所隐瞒。可令人感到惊讶的是，很多婚姻方面的专家却认为绝对诚实并非是真正的、理智的和道德的爱，他们反而认为，如果真爱对方的话，对于一些特定的经历和感受，有时还是秘而不宣的好，必要的时候甚至可以撒谎。

婚姻方面的专家为什么会有这样的建议呢？这不是鼓励夫妻之间欺骗行为的存在吗？其实不是，很多现实中的事例都证明，夫妻虽然亲近，但还是要保留属于自己的秘密，不被对方知道的好。

这样的做法显然是有悖常理的。不要说当事人会很难受，觉得自己爱得不真诚，心里会一直怀着对对方的愧疚，而且万一被对方知道了，又该如何面对呢？道理确实是这样的道理。可是在夫妻之间原本就不存在大是大非的原则性矛盾，有的都是些似是而非的事情，这时的隐瞒何尝不是对对方的爱呢？毕竟爱对方就要尽可能地去保护对方，不让其受到伤害。就算有一天对方有所怀疑，原本就是似是而非的事情，又从何考证呢？何况，一定程度上的隐瞒，不但是为了维持家庭的幸福美满，更是珍爱对方的表现。

无论是男人还是女人，终究都是感情动物，道理虽然是那

第三章　经营婚姻

样的道理，可在感情上却不一定能接受得了，因此道理也就不一定能行得通，这就是婚姻生活。

第一眼看到新同事叶子的时候，张强就有一种怦然心动的感觉。她完全如张强想象中一样，有着一头乌亮的长发，微笑的眼角挂着一抹上弦月的温柔。张强很喜欢叶子说话时的神情，轻轻地启齿，微微地撇着头，时而皱一下就舒展开的眉头，他发现他已经爱上她了。

张强小心翼翼地接近叶子，忙碌工作中的一句轻声问候，默默送上的一杯香茶，楼道里交错而过时微微的颔首……开始时，叶子总是有些犹豫，显得不是很接受张强对她的殷勤，慢慢地，终于被他打动了，很自然地走在了一起。

恋爱的过程是甜蜜的，不久两人就形影不离了，下班后一起吃饭，然后先送叶子回家，张强再自己回去，节假日两人还时不时地结伴出去郊游，有时还会看一场电影，或者整个下午都呆在咖啡屋里聊天。每当一方在工作中遇到困难时，另一方总会积极地帮助解决。

半年过去了，张强开始张罗和叶子结婚的相关事情。可就在张强向叶子求婚的那晚，叶子告诉了他一件自己一直以来难

以启齿的事,她曾经和另一个男孩相处了六年,并且还住在了一起……

乍听到这件事之后,他心里很不舒服,仿佛一下子撞到了一面墙上,越想心里越觉得憋屈,越想越按捺不住地生气,他不能接受面前这个冰清玉洁的叶子居然和别人同居过六年的事实——可要是因此就跟叶子分手的话,他也不能接受,因为他毕竟深爱着她,而且那份爱是前所未有的。

张强每天都随着这两个念头摇摆不停,像一个摆钟似的,几乎被折磨得都快要发疯了。一个星期以后,为了摆脱这样的痛苦,张强辞掉了工作,没有和叶子道别,只身去了另外一个城市。

小菲是一个生性活泼开朗的女孩,从不喜欢遮遮掩掩的。大学时,她和一个男孩相恋了。那是她的第一次恋爱,两个人很快就越过了男女之间的那道藩篱。大学毕业后,两个人在不同的城市参加了工作,最后不得不分手了。尽管小菲很不情愿。

两年之后,小菲结识了阿杰。正是"男大当婚,女大当

第三章　经营婚姻

嫁"的年纪,且阿杰也很令小菲觉得满意,于是在不久之后,两人就步入了婚姻的殿堂。

新婚之夜,出于对丈夫的忠诚,小菲和盘托出了自己曾有过的那段恋情,并希望能够得到丈夫的理解。阿杰听过之后,并没有大发雷霆,这让小菲心里的一块石头终于落了地,一心扑在了两个人婚后的生活上。

事情却并非如小菲所希望的那样,阿杰开始变得疑神疑鬼起来。小菲一直是一个喜欢时尚、追赶潮流的女人,婚前总爱穿超短裙和露肩的短衫。可婚后,阿杰对她的衣着打扮进行了严格的规范。这倒还是其次,阿杰甚至对小菲的社交活动也横加干涉,事先必须经过他的批准,否则就大打出手,拳脚相加。而且这种情况呈愈演愈烈的趋势,以至于到最后发展成无论小菲在外面有什么活动,阿杰都像影子一样跟着。一次单位组织外出旅游,阿杰居然想法设法尾随而至,让小菲在同事面前很没面子。

实在不堪忍受不信任之苦的小菲,向阿杰提出了离婚,重新获得了自由。

后来，小菲又和另一个男人重新组建了家庭。这个男人虽然不像前夫阿杰一样，把小菲当成木偶，但仍旧没能摆脱不幸，一年后又不得不再次劳燕分飞。回顾这两次婚姻，小菲若有所悟地说道："女人就是不能太傻了。"

的确，做女人实在是应该聪明些。小菲的失败之处，就在于没能保护好自己的隐私，不知道有些隐私是需要像呵护自己脸蛋一样来呵护的。其实，掩饰过去的隐私，就是为了让自己在丈夫的心目中有个完美纯洁的形象。

身为女人必须要清楚，在男人眼中，你应该永远像一道没有谜底的谜面，不然再美的风景在都被男人尽收眼底之后，也就不再具有魅力了。

第三章　经营婚姻

爱情不要追究太深

夫妻之间虽然有着最亲密的关系,但并不代表他完全只属于你一个人,更不代表从他的经历到感情、从肉体到灵魂,你都可以越俎代庖,擅自作出处理,不留给对方任何的自由空间。夫妻相处,亲密是应该的,但亲密还需有间,这才是夫妻相处的最佳距离。不然,不但会使自己陷入无尽的失望、抱怨和牢骚之中,还会使对方觉得无法忍受,最终走向婚姻破裂的

边缘。

其实,每个人都有不同于别人的人生经历和遭遇,所交往和接触到的人也不尽相同,因此,相对于这个社会来说,每个人都是一个完全独立的个体,绝不应该也不会完全从属于另一个人,即便是夫妻之间,也应该有各自不愿被对方知道的隐私。其实,对自己的爱人隐瞒自己的过去,也并不是不忠诚的表现。爱和婚姻的基础,就是相互间必须要有足够的尊重。尊重对方的意愿和选择,尊重对方的过往和经历,尊重对方保留个人的私密空间。只有互相尊重,才能使两个人尽管整天生活在一起,还可以保持各自的个性,也才能使女人永远有一种神秘感,从而使两个人的感情更加甜蜜。

或许有的女人会固执地认为,我将自己以往的经历说出来,就是为了得到他的尊重。他既然爱我,就应该尊重我的过去,无论那是一段痛苦抑或幸福的经历,作为将与我共同生活的他都应该知道并完全接受。何况若让我长期守着这样一个秘密,心里会很不舒服,也阻碍了彼此之间真诚的交流。

道理的确是这样的道理,可是正像前面文中所提到的,夫妻之间的很多事是无法用道理来衡量的。

记得去年夏日的一天,我正光着膀子在书房里写东西,妻

第三章　经营婚姻

子下班回来了。来到书房,她先站在我对面直愣愣地瞪我,接着二话不说照着我的膀子就是两拳。我一脸无辜地抬眼望她,问:"怎么了?"

"不怎么。"

"那干吗打我?"

"我想打。"

"哦,那麻烦下次再想打的时候,提前说一声,我好把过冬的那件棉袄穿上。"

妻子"扑哧"一声笑了,问我疼不疼?

妻子经常这样,有事没事总爱在我身上揍几下,都快养成习惯了。有时候确实是我惹她生气了,可大多时候我根本就没招她没惹她,而且在撒完气之后,她自己也搞不清楚到底为何而生的气,你说这哪还有什么道理可讲啊!

其实,一个男人既然决定和一个女人在一起共同生活,在内心里就已经做好了包容她过往一切过错的心理准备。只是有这样的心理准备是一回事儿,若事情当真从你口里说出来,真真切切地摆在他面前,能不能真的接受却又是另一回事儿了。这就是男人脆弱的一面。他们甚至害怕从别人口里听到一些

议论自己妻子过去的言语，即便被人说起的女人不是自己的妻子，他们也会不自禁地展开联想。男人总会莫名其妙地担心自己的妻子也会因过去的事而被人议论。若知道了妻子过去的一点艳事，都会经受一番严峻的考验，无论这个男人有多么宽广的胸怀，内心都不可能不起波澜。

作为一个男人，他绝不会在知道妻子和自己之前曾跟别人有肌肤之亲后，还会欣喜若狂地对妻子说："真为你感到高兴，能在那样一个美好的季节里认识一个那么好的男人，还有了那么美妙的体验。"若他果真说出了类似的话，做妻子的可要当心了，他对你的爱很可能是另有所图。

在大多数情况下，面对这样的一个事实，有的男人会波澜不惊地接受，可这也并非就是一件好事，在以后的生活中，你就会发现，在你们之间有了一个双方都极力避免提及的区域，生活也会笼罩上一层若有似无的阴影；有些心胸狭隘的男人会由于承受不了，一改过去在妻子面前的千依百顺，脾气变得野蛮暴躁起来，甚而产生家庭暴力，最后使一个原本很美满的家庭分崩离析。

如果要深究男人的这种心理，其实并不是很难理解。在每个男人的心里面，都希望自己的妻子越完美越纯洁越好，这就

第三章　经营婚姻

如同女人都希望自己的丈夫能比别人优秀、出众一样。因此，作为妻子的女人必须要明白，在这个方面，你的坦白不一定就能够换来从宽处理。

既然坦白之后或多或少都会伤害到对方，都会给自己的婚姻生活蒙上阴影，那还不如不坦白的好。若那曾是一段美好的回忆，就只让它尘封在自己的头脑里；若那曾是一次不堪回首的经历，就让它随着岁月的流逝而过去。要知道，在你漫长的一生之中，那只是一个小到可以完全忽略的小插曲，既然作为当事人的你都可以忽略，又何必说出来让你的爱人知道呢？

阿茹和小明是新婚燕尔，两个人恨不得天天都黏在一起。一天，两人躺在床上闲聊，阿茹突然好奇地问："和我做爱的时候，你脑子里都想些什么？"

小明一愣，随即说："想你呗。"

"我不是就在你面前吗，有什么好想的？"

小明故作神秘地笑笑，回答："想你身上最美丽的地方。"

阿茹还想追问下去，小明故意把话岔开了。

结婚前，小明曾有过一个同居的女友，这件事阿茹是知道

的。在一次非常美妙的性爱之后，阿茹的好奇心又发作了。她想起了小明之前的同居女友，就问："以前你和你女友做爱的时候，也想她身上最美丽的地方吗？"小明正迷迷糊糊地在旁边躺着，随口"嗯"了一声。

"那是她什么地方？"

"脚。"

"脚？"阿茹大感意外，继续追问。

此时的小明已清醒了大半，不再作声。可这并不能打消阿茹的好奇心，死缠硬磨地让小明说。实在被纠缠不过，小明就把自己心里最秘密的东西说了出来。

原来，小明和他的女友都是初恋。一年夏天，两人面对面坐着，无意间小明近距离地看到了她那双小脚。不知为什么，全身就像被点燃的干草堆，一下子燃烧了起来。就是在那天晚上，两人有了第一次的亲密接触。从此，每当和她做爱时，只要看到她那双娇小、白皙、美丽的脚，或者只要在黑暗中想象她的那双小脚，他就会变得激情喷发。

"那和我做爱的时候，你是不是也会想象她的小脚？"阿

第三章　经营婚姻

茹的语气突然尖利起来，而且声明必须如实回答，不准有任何的隐瞒和欺骗。在阿茹越来越尖锐的逼问下，小明不得不无奈地承认，有时候他确实会有这样的想象。阿茹顿时觉得两人之前所有的性生活都让她感到恶心。

比这更严重的是，从此以后，阿茹只要看到脚就觉得不舒服，以致到后来，就连看到脚形的东西都会有想呕吐的感觉，比如脚形蛋糕、脚形胸针……而且，她和小明之间，再也没有以前那种畅快淋漓的性爱体验了，甚至连进行房事都变得很艰涩。

后来，她听从小明的安排，接受了一段时间的心理治疗，心理的障碍才被克服，可还是不能像往常那样进行房事了。这令小明苦不堪言，深深后悔当初不该把实情告诉阿茹。阿茹也懊悔当初自己为什么就非要打破砂锅问到底呢！

"因为爱你，我打开尘封已久的心扉。"能有这么一份真挚的爱，确实是让人觉得感动。可是夫妻之间的忠诚，并不等于毫无保留地坦诚。要知道，事实的真相远比疑惑更具有杀伤力，无论是对对方还是对自己。

因此，若深爱一个人，珍惜两个人好不容易组建起来的小家庭，就不要对爱人的过往做太深的追究，何况那都已经是

过去的事了。不要轻易踏入爱人心中那扇封闭着的门，不要以为自己有大海般宽广的胸怀足以包容爱人以往的种种且不留痕迹。不妨抱着"难得糊涂"的态度，很多时候，你的"糊涂"正是爱的一种最佳体现。

第三章　经营婚姻

给对方留空间

有的时候，我们可能会从别人口中不经意听到一些有关爱人的事，而这些事我们可能不太清楚，甚至根本就没听爱人说过，心中不免会有些难过，怪对方隐瞒了自己，可与此同时，我们也必须要知道，爱人对自己的隐瞒，或许正是出于对自己的爱。

有一个男人失业了，可他一直隐瞒着，没有跟妻子说，而

且每天仍然按平时的时间离开家,晚上按下班的时间回家,就如同他以前上班时一样。只是在晚上,他都一个人缩在电视机前,一改往日与家人谈笑风生。妻子很为他的沉默而疑惑,还以为他有什么心事。一天,她从丈夫之前一个同事的口里知道了真相,勃然大怒,质问丈夫为什么要瞒着她。

丈夫怯怯地说道:"咱们本来就没什么储蓄,我又丢了工作……再说你的身体又不好,我不想你再因为担心我的工作,加重了病情……我一直努力去找一份新的工作,想到时再告诉你……"丈夫想故作轻松地笑一下,可眼圈却先红了。

很多男人都不愿意把自己的糟糕状况告诉配偶知道,这源于男人形成的传统观念,他们更愿意自己默默地承担,这会让他们更觉得自己像一个男人。心理学家认为,男人之所以会有所隐瞒,是由于不愿意配偶为其担心,另外,许多中老年男人还总是隐瞒他们对日渐衰老或江郎才尽的恐惧,觉得这样做才不会使自己在别人面前抬不起头来。

很多女人觉得丈夫就是自己的精神支柱和靠山,却很少体会到其实丈夫也把妻子当成自己精神上的支柱和靠山,他们也和女人一样有着脆弱的地方,只是他们不像女人那样表露得充

第三章　经营婚姻

分,很多时候他们更像一个口是心非的人,明明需要却矢口否认。在生活中,妻子照顾丈夫这种心理的最好方法,就是让他们留有一个自己的空间。

我们必须纠正一个观点,就是很多人认为夫妻既然是世界上最亲近的两个人,就应该无所隐瞒,就应该毫无保留。世间的事都是物极必反、盛极则衰的,夫妻之间也不例外。若两个人之间果真做到了无所隐瞒和毫无保留,恐怕也就是互相开始厌弃的时候了。因此,在生活中让配偶有一定自己的空间,也给自己留一定的空间不让配偶踏入,这才是一个好妻子要做的。

一个多月前,在某个网站的博客里看到这样一篇文章,写文章的是一个30多岁的女人,字里行间流露出一种自信成熟女性的味道。

丈夫有女友已经好些年了,我知道他有女友也好些年了。丈夫和他女友是大学同学,在一个城市,而我在另一个城市。后来,丈夫来到了我在的城市,他的女友则去了另一个城市。其实,什么城市不城市的,丈夫还是我的丈夫,女友还是他的女友。

一次晚饭后,与丈夫外出散步,路过他上班的办公楼前,

突然想起了他办公桌的抽屉——焉知那里面藏着他多大的秘密？我想到就问："你那位女友最近没来信？"

丈夫愣了一下，说："前阵子来过一封，我忘带回家了。"

"能看看吗？"

"当然可以了。"丈夫说着就要上楼去取。

我笑了，问："在信里她向我问好了吗？"

"问了。"

"哦，既然这样，那我就不看了。"我把手一挥，很洒脱很大方地转身往回走去。

后来，我把这事儿当作笑话说给身边的女同事听，奇怪的是，竟没一个人相信这会是真的。

丈夫和他的女友不仅通信，互相还留有对方的电话号码，自然一定会通电话。除此之外，每逢过年过节，两人之间还时有精美或不精美的贺卡传递。这一切，丈夫都无意瞒我，我也从未曾将这些放在心上。本来要操心的事就多着呢，哪有时间和精力去瞎琢磨他们的事。

第三章　经营婚姻

　　从丈夫的嘴里，我听到了一些有关他女友的消息：去了一趟加拿大，并拍了照片寄来啦；女儿多么聪明可爱，还在唱歌比赛中获奖啦……这些都无足轻重，重要的是她现在是个离异了的单身女人。这个消息提示给我两个信息：第一，丈夫与她交往，不会再有任何麻烦了，起码不会有某个男人打上门来找他决斗；第二，丈夫若对她有意，至少从她那方面来说不再有任何客观上的障碍。这尽管让我感到有些不悦，但转念一想，又觉得大可不必，难道我与丈夫之间的关系还要由别的什么女人来决定？太可笑了，由它去吧。

　　后来，也许是两人觉得光通过传媒交流感情还不够吧，丈夫和他的女友开始借着出差的机会在我在的城市或她在的城市里见面。两人在她在的城市见面我自然不在场，可奇怪的是，丈夫的女友来过我在的城市两次，我也是在他们见过面吃过饭谈过话之后才知道。我问丈夫为什么不请她来家坐坐，丈夫说她忙着走，汽车一直在门外等着呢。我说真遗憾，那就下次吧。丈夫也说那就下次吧——其实我压根儿也不遗憾。

　　最近有很长一段时间没再听丈夫说起他的女友了，可关于

他们的事我恐怕还要继续听下去。其实一般来说，只要我不问丈夫是不会主动提起他的女友的。可这话也不是完全正确，有好几次都是他告诉我他和他女友见面的事，不然我怎么会知道呢？

不过，也不是每次都这样。一次丈夫去北京出差，非要提前动身。我问他要不要我送他，他说不要了。我想他已与他的女友联系好了，不然不会非走不可。丈夫走了以后，我去婆婆家度周末，一家人坐在一起吃饭，说起他，我说去会女友了，大家都笑得喷饭，说我幽默。我说是真的，他的女友叫×××，在哪里工作，离婚好几年啦。丈夫的兄弟媳妇说，那你可要当心了。我说真要有什么，就随他去好了。

丈夫从北京回来，晚上睡觉的时候，我问他是不是去和女友见面了？他问我怎么会知道，我说根本不用费什么劲就能猜到。果然，他的女友去车站接他了，两人还在咖啡厅里度过了好几个小时。

据我的观察，这么多年来，丈夫与他的女友，也就是个女友而已，即便两人之间果真会有什么微妙的东西，也是可以理解和容忍的。毕竟每个人都会有只属于自己的东西。丈夫虽然

第三章　经营婚姻

成了我的丈夫，但依然有权利为他的心灵保留点什么，为了曾经有过的美好感觉，为了那些日渐远去的记忆。尽管有时候我也会有些不情愿，可终究也无济于事，何况我爱我的丈夫，而我的丈夫也爱我，就陪在我的身边，其他还有什么好计较的呢？

第四章

怎样成为幸福的女人

第四章　怎样成为幸福的女人

平淡才是幸福

　　你必须要知道并深信这一点：从古至今，玩火者必然会自焚，在这个世界上，任何放纵的行为都会像马戏团里小丑抛出去的回旋镖一样，必将会重新飞回到你的手里，而结果也只能由你自己承担。

　　若把婚姻里的爱情比作是人间四月天的话，总有温暖的阳光，总有和煦的春风，总在青草绿叶间让人有一种懒懒的感

觉，那婚外恋就如同是黑暗角落里划亮的一根火柴，在闪出一瞬的微光之后，就只剩下一节焦黑的火柴梗了，任何一丝微风吹过，都能使它灰飞烟灭、尸骨无存。而且，在那燃烧的一瞬间，你若太过于专注它燃着的那簇小火苗，极有可能会被烧伤手指，而在你心里留下一道羞以启齿的痛。

或许有的人会这样说，可我怎么没觉得婚姻里的爱情像是四月里的天气呢？不要说温暖的阳光、和煦的春风了，我甚至觉不出爱情的存在！殊不知，有这样的感觉，只是因为你正生活在三月的天气里。人对温暖的记忆总是在寒冷的冬日，而对凉爽的想念则是在炎炎夏日里。说起来人就是这么奇怪，当身在幸福中的时候，并不会感觉到幸福，这就如同置身于森林中时，难得看到的是一棵树一样，因为眼前有那么多的树。

很多人都把婚姻比作是围城，而把自己比作是困在围城里的囚徒，或许是因为婚姻生活太过于平淡的缘故，平淡得就像日落时无风的湖面，不起一丝的波澜；或许是因为婚姻的生活太过于单调了，单调得就如同是未着任何色彩的画布，白晃晃得直晃人眼……而每个人的内心里却都需要激情和变化的，于是，很多人觉得城外别人墙头上的那朵红杏格外的娇艳，望着长在别人城中那枝头上红彤彤的苹果直流口水，于是在心痒难

第四章　怎样成为幸福的女人

耐之下，忍不住冲到了围城外面去——殊不知，当别人墙头上的红杏开到你家院子里之后，不一定你还会觉得它格外娇艳，而那红彤彤的苹果结在自家枝头的时候，不一定还能让你看得直流口水，而你自己，却又站在了另一个围城里。于是，你又像往常那样，站在另一个围城里四处张望，忽然发现，就是逃离的那座围城里，原来也盛开着格外娇艳的红杏，结着红彤彤的苹果……

　　此时，猛然间你发现，原来当初一心想要逃离的地方，正是现在要去的方向，而自己绕了那么大的一个圈，却又走在了来时的路上，只是不知道那里是否还是你当初离开时的模样？

　　她是一个漂亮的女人，能力强口才又好，终于从一个默默无闻的播音员成为了一家电视台的红牌主持人。她的丈夫却很普通，是那种钻进人群里就再也找不到的主儿，每天骑一辆自行车上下班。

　　结婚三四年了，她越来越大红大紫，丈夫仍旧是从前的样子。

　　她的心里渐渐有些不平衡了。丈夫实在是太普通，不能给她大大的房子、名牌的时装和豪华的轿车，尤其是当两人一起出去时，别人看到之后的那种眼神，更让她受不了。慢慢地，

她的应酬越来越多，回家的时间也越来越晚。终于有一天，一个男人出现在她面前，满足了她所有丈夫不能满足的愿望。她开始和这个男人同居在一起，经常不回家。

丈夫并没有为此跟她吵闹，还是像刚结婚一样，每当一个人在家的时候，就会剥莲子，然后把莲子里小小的心抽出来，煮成茶给她喝。丈夫知道，她是靠嗓子工作的。因为她时常不回家，茶几上细细长长的莲子心已经一大包了。

有一次她回家拿东西，屋子里没有开灯，丈夫坐在黑暗中的沙发上。她把灯打开，看见他正在剥莲子。她的内心软软一动，喉咙有些干涩，说："你给我煮一杯莲子茶吧？"

他显得很高兴，赶紧站起身来，忙着为她去煮。望着缭绕的白烟和丈夫的侧脸，她的眼睛潮湿了。她并没有等丈夫煮好茶就走了。正在下楼梯的时候，丈夫追了上来。她停下来，丈夫递给她一包东西，是他剥好的莲子心，他说："别忘了多喝，这样对你的嗓子才有作用。"

她发现自己的眼泪快有些不听话了，于是低下头，接过来，毅然地转身离开了。

第四章　怎样成为幸福的女人

那天晚上，只有她一个人待在空荡荡的大房子里，那个男人说是有应酬，没有回来。就在这时，她才第一次体会到丈夫这么多年对自己的爱。她拿出那包剥好的莲子心，用滚烫的水沏了一杯。

第一口，苦而涩。

第二口，苦味之中有一丝淡淡的清香萦绕在唇齿之间。

第三口，已然入胃，苦涩过后的那种甘甜，搅得她隐隐作痛。她想起了丈夫修长的手指，九个手指的指甲都修剪得干干净净，只有左手大拇指留着很长的指甲。她知道，那是他用来剥莲子心的，可当初她还因此说他不像个男人。

她伏在桌子上哭得泣不成声。她开始为自己的行为懊悔，觉得自己对不起丈夫，为了得到一份虚荣的奢华生活，不顾及情面地背叛他、伤害他，最终自己也并没因此而幸福。

那些细长的莲子心在沸水中上下翻腾，干干的小条慢慢舒展开来，变成碧绿色的。一时间她仿佛明白，平淡才是生活和婚姻的主旋律，就像这杯莲子茶，苦涩之中孕育出绵长的幽香。

几天之后，她向丈夫提出了离婚。她知道自己已经无颜再

面对丈夫的那份爱,那份莲子茶一样历久才甘甜的爱,尽管她知道,丈夫仍旧是爱她的。离婚之后,她毫不犹豫地离开了那个男人,独自过着生活。这些她并没有让丈夫知道。

她时常自己剥一些莲子心来泡茶,时常在缭绕的烟气里想起以前和丈夫一起的生活,于是心头总会在一阵怅然之后涌上丝丝甜蜜的感觉,此时她便微微一笑,对自己说:"那份平淡而绵长的幸福生活,我曾拥有过。"

第四章　怎样成为幸福的女人

不要轻易"红杏出墙"

　　曾在张小娴的书中看到过这样一句话:"不能厮守终生的爱情只不过是人生中的一个中转站,无论停留多久,终将要乘上另一列车匆匆离去,因为那里没有你的目的地。"遗憾的是,尽管很多人都明白这样的一个道理,可还是抱着能停留多久就停留多久的心态留恋在人生的中转站不肯离去。或许是因为太多人迷恋于那宛如绽放在夜空里的烟花般的绚丽色彩,却

浑然忘记了再璀璨的烟花也只有瞬间的美丽,而且在瞬间之后,留给自己的只能是无尽的黑暗和空虚。尤其是身处婚姻之中的人,一时的放纵过后,不单会给自己,还会给家庭带来长久且难以愈合的伤口。因此,一个聪明的妻子决不会让自己涉足婚外恋这个泥潭,尽管那里面有足够吸引她走进去的诱惑。

在面对婚外恋时,男女之间的心理是不一样的。女人无法像男人那样能做到"喜新却不厌旧"的程度,当她爱上另一个男人之后,会从内心里怎么也看不顺眼自己现在的老公;也无法像男人那样没有爱也可以消遣,没有情也可以获得快感;更不会像男人那样,即使"身在曹营心在汉"也无所谓。女人无法忍受爱着一个人,却要同另一个人生活在一起的日子,也无法忍受同相爱的男人做爱,晚上却要躺在另一个男人的身旁,更无法忍受时刻把自己的心思包裹起来,收到所爱男人的短信,却要装作若无其事地打开来看;不停地说着各种谎话,解释自己为什么晚回家的原因……因此,一个女人一旦有了婚外情,十有八九会毅然而然地同现在的丈夫决裂,可是当她抛弃了几十年的夫妻感情,顶着社会上种种的压力去寻求那份看似已握在手中的幸福时,得到的却只能是对方迟迟迈不出那实质性的一步。

第四章　怎样成为幸福的女人

很多女人搞不懂男人为什么会在这个时候掉链子，这太不像他们平时所表现出来的那种男子汉气概了？其实，男人这样的心理并不是很难理解，男人不会像女人有那么多难以忍受的地方，何况当初他之所以要搞婚外恋，也只不过是为了给乏味的生活添加些调味剂，放松一下自己紧张、超负荷的神经，他需要的只是除妻子以外的女人带给自己的那种新鲜感。他或许也会爱上你，但这并不表示他就会放弃那片自己好不容易经营起来的"江山"，你甚至不要奢望他会在跟你亲热之后，回到家里对他的老婆怒目以对，他的态度只会比以前更好。

她一直是一个贤妻良母，她有疼爱自己的丈夫和可爱的儿子。后来，她认识了另一个男人，一个能令她一见到就血脉膨胀的男人。冲动占据了她的内心，她体验着一种从未有过的满足感。只是回到家之后，自责和愧疚感又时刻在撕咬着她的内心，她实在忍受不下去了，毅然跟丈夫离了婚。可是，就在她准备张开双臂扑向那个男人的时候，那个男人却开始退缩，并从她的视线里彻底消失后不再出现。猛然间她发现，自己不但没能获得自己想要拥有的东西，也失去了再次获得丈夫的爱的理由，甚至连做母亲的资格都丧失了。

在女人的一生之中，爱情和婚姻无疑是她生命中最主要的旋律，而其他的一切也都是围绕这一旋律展开的。一个女人一旦在爱情和婚姻里失去了屏障，她就会像一支蜡烛那样很容易就会被风吹灭掉，因此，若要使自己不失去这道屏障，就不要轻易自己走出去。

第四章　怎样成为幸福的女人

不要让他感到孤独

人们在建造房屋的时候，总会在房子的周围筑起一道篱笆墙来，最远古的时候，人们或许是为了安全，防止野兽到自己的院子里来。如今，尽管野兽都争先恐后地躲到深山老林里去，可还是被人追着猎杀来当食物吃，想来也没有胆量再窜到人家的院子里来了。可人们还是要在房子的周围筑起一道篱笆墙，也许是出于一种习惯，但更多的是为了让家更像是一个

家。同样，在婚姻里，也应该筑起一道篱笆墙来，防止别人太轻易地走进来，也为了在自己或爱人心里有一个不可轻易越过的界限。

任何男人的心里都有一扇无限敞开的门，总是对外界怀着强烈的好奇心，总是想多见识一下外面的世界，却忘记了外面尽管风光好，但险滩也多。那么，一个妻子该如何扎紧自家的篱笆呢？

（1）切莫使丈夫有孤独感。有关婚姻方面的专家研究发现，孤独感是促发婚外恋的主要因素。在夫妻生活中，如果彼此之间缺乏亲密友好的情感交流，就会油然而生孤独感，尤其是当一方把精力都投入到某一方面，而忽略了对配偶的关心时，对方的孤独感会越发强烈，从而向别的异性寻求情感上的交流。

（2）不要把生活过得太单调。桑德福博士写的一本名叫《中年性生活调节》的书中指出，对于单调的厌倦是引发情变的祸因。当婚姻生活度过了浪漫温馨的初期阶段之后，热情就会开始冷却，由于彼此之间都没有了那种神秘的诱惑，若不及时去寻找新的且更使互相满意的生活方式，就会在不甘寂寞的心态下去寻求片刻之欢的激情。

第四章 怎样成为幸福的女人

（3）尊重对方的感情。在夫妻之间，即便不是每一对都会"大吵三六九，小吵天天有"，但难免也会有因意见不合而发生争吵的时候，此时要记住，切不可恶语相加。自己一时的发泄倒是能在口头上得到痛快，但是却会在对方的内心里留下很大的伤害，进而在彼此之间产生隔阂。旧话说"哀莫过于心死"，若对方真因你图一时嘴巴上的痛快而受到伤害，并对两个人的婚姻丧失信心的话，到时你可连哭的地儿都找不到。

（4）有和谐的性生活。夫妻之间如果没有和谐的性生活，无疑就等于给了他人乘虚而入的机会，尤其是在当前的社会里，这样的案例层出不穷。这个方面，妻子所应该承担的责任似乎要更多一些。因为男性相较于女性来说，男性对性生活有更强烈的需求，有时为了过性生活，不得不在妻子面前委曲求全。一些妻子察觉到丈夫的这个秘密之后，动辄就把与他过性生活当成要挟和制约对方的手段，殊不知，就在这些妻子自鸣得意，一心以为可以把丈夫牢牢地握在手掌的时候，在丈夫的意识中已经悄悄根植下对她的厌倦和反感。另外，很少有男人会因此失去对性生活的需求，于是寻找其他的女人，就会成为他们内心的一种渴求。

幸福的女人

幸福需要体贴

一个丈夫有了外遇,被妻子发现了,妻子责问道:"那个女人有什么好的,值得你抛下我去和她在一起?"丈夫吞吐着说:"她爱我,每次我晚上从窗口爬到她的房间里时,她都过来给我热烈的拥抱。"妻子不屑地说:"那有什么呀?要不今晚你从窗口爬进来,我也来抱你。"当天晚上,当丈夫费半天劲从自家窗口爬进家时,妻子果然过来热烈地拥抱他。可就在

第四章　怎样成为幸福的女人

这时，丈夫不小心撞翻了挂在窗檐上的篮子，篮子里的花生撒了一地。妻子立刻放开手，骂道："都怪你，浪漫你个头啊，撞得花生撒了一地。"丈夫很泄气地叹了口气，说："这就是你和她的不同，她可从来不管什么花生不花生，而会问我碰到哪儿了？疼不疼？你对我从来都不温柔体贴。"

想来在现实生活中不会有哪个妻子在得知丈夫有外遇之后，只是在责问一句"你为什么抛下我去见她"的话就会罢休，更不会有好心情让丈夫晚上也从自家的窗口爬进来。也正是因为如此，很值得许多妻子深思一下，为什么丈夫要抛下你在家中独守空房，去和别的女人亲近？本来他应该陪着的那个女人是你。诚然，男人有妻子之后还和别的女人发生两性关系是很不道德的事，可世界上的任何事都是有"因果"可循的，作为妻子的你是否想过，丈夫之所以这样做，会不会是由于自己之前种下的"因"呢？

曾有人用戏谑的语言总结出情人与妻子的五大区别。当然，既然是戏谑的语言，肯定就有失偏颇，如果并不认同，不妨将其当作是一种茶余饭后的消遣。

（1）情人不烦。当男人忙完一天的工作后，情人会给他按摩，替他倒上一杯红酒，偎依在他怀里一起听一首舒缓的情

歌；妻子在男人下班之后，总会迎上前问东问西。或许是因为她们不需要一个不嫌她们烦的老公。老公一旦在一边安静地坐着，她们就会追问，你不会做了什么对不起我的事吧？

（2）情人能始终给男人一种恋爱的感觉。情人不会像妻子那样，脸上贴着保鲜膜（她们称其为美容面膜），身上穿着还是大学时的运动衣，坐在男人身边看无聊的韩剧。早在男人到来之前，情人已经贴完了保鲜膜，并穿上透明内衣，找出性感的光碟等着他一起看了。情人总会把男人打扮得衣帽光鲜的，而若男人回到家先刮胡子、洗好澡，穿上整齐的睡衣在妻子眼前晃来晃去，妻子则会紧皱着眉头说，深更半夜的那儿来这么大精力，去，把那堆脏衣服洗了去。

（3）情人一切以男人的意见为意见，心目中只有一个男人（或许是假装，但至少是假装）。男人说，看这天气明天估计要下雨。尽管电视里刚刚播报说明天是晴空万里，情人也会随声附和着说："嗯，下点雨就凉快多了。"妻子心目中也只有一个男人，可态度却截然不同。比如当男人刚开始兴奋，她却突然想起来什么似的问道："睡前你给儿子换尿布了吗？"

（4）情人在拿到男人给的钱时，脸上有感激的表情，还会送上一个热辣辣的吻；而妻子则会在把钱数过多遍之后，问男人:"咦,怎么少了五百,是不是你又打埋伏了?"

（5）这一点或许是小事,却绝对重要。情人不会说,今天该你洗碗了!也不会说,明天上班的时候顺路去把水电费交了。更不会说,怎么又把你的臭袜子扔在沙发上了?情人只会满怀温情地问你:"肚子饿了吗?"

幸福的女人

飞越婚姻之痒

曾看过梦露主演的一部有关婚外情的电影，片名翻译成中文就是《七年之痒》。影片描述了这样一个故事：

一个出版商结婚已经七年，尽管生活可谓是富足而美满，但是单调而又有些乏味的婚姻生活还是让他心痒难耐。恰好这时，妻儿外出度假去了，楼上新搬来一个年轻美貌的广告小明星，这禁不住使他浮想联翩，尤其令他艳羡的是一次女郎穿着

第四章　怎样成为幸福的女人

白色大蓬裙站在地下铁通风口,一阵风吹过,裙子像浪花一样飘荡,他的道德观念和自己的贼心不断地冲撞,而那个女郎也成了他一天到晚不能删除的影像。就这样,他的内心经过了再三的挣扎,最后他作出了决定——拒绝诱惑,并立刻驱车赶往妻儿去度假的地方。

在影片播出之前,或许人们并未曾注意到婚姻中还存在着这样的一个问题,但自从影片播出后,它就成为了婚姻中的一个坎,有些人成功地迈了过去,但也有不少的人没能迈过去,被这个坎狠狠地绊了一跤。

想想也是,结婚那么长时间了,随着彼此之间越来越熟悉,之前的那种新鲜感早已荡然无存,而双方在恋爱时掩饰起来的缺点或在理念上的不同此时却都充分地暴露了出来,在情感和生活上难免就会出现不和谐的音符,于是婚姻也就理所当然地遭遇到了"瓶颈"。

婚姻咨询师在谈到这个问题时,认为婚姻中之所以会有"七年之痒"现象的出现,究其实质是人的厌倦心理。再美的风景,呆久了也就不会觉得有什么美的地方了,反而觉得腻歪,甚至有些厌烦,于是头脑里难免就会滋生出去欣赏别的风

景的念头。

　　在婚姻之中，当你感觉到自己的婚姻出了问题的时候，往往已经不是问题的发生，而是问题的结果了。同样，"七年之痒"也不是在一朝一夕爆发出来的，实际情况是，问题早就已经出现了，只是夫妻双方都一直在隐忍着，为的是给对方也给自己留点机会，好让这个好不容易组建起来的家庭不至于破裂。然而，人的忍耐毕竟是有限度的，于是终于有一天，双方再也不愿意继续忍受下去了。所以，"七年之痒"绝不会是轻轻地痒，而且一旦痒起来就一定会伤筋动骨，很多婚姻也因此走到了尽头。

　　其实，婚姻中之所以会有"七年之痒"现象的出现，在很大程度上是由于夫妻双方存在着一种幻觉，认为对方会如自己所想象的样子，至少也正在向自己所希望的方向发展，可事实上是，对方并非如自己所想象的那样，而且也没兴趣往自己所希望的方向改变，于是在巨大的失望之后，惊讶地发现，这个曾与自己最亲密的人根本就不是自己想要共度一生的那个人，甚至陌生得完全就如同是另外一个人。

　　夫妻双方之所以会有这种感觉，就是因为对婚姻质量有着较高的要求，而彼此之间又缺乏必要的沟通。有关婚姻专家就

第四章　怎样成为幸福的女人

曾指出，在当今的社会环境里，离婚的最大理由并非是夫妻双方或某一方有了婚外情，而是两人之间缺乏配合，不能再在一起生活。

造成这种情况的原因是多方面的。根据权威部门的统计，婚姻中出现问题的家庭，大多跟当初草率结合有关。经常听人说爱情是盲目的，其实爱情远没有人那么盲目，尤其是很多女人在恋爱的时候，总是不能保持清醒的头脑，可偏偏又固执得要命，不肯多听周围人的意见。还有些女人尽管在恋爱的过程中已察觉到了对方的某些缺点是自己不能忍受的，可另一方面又一厢情愿地认为，婚后在自己的督促下，对方一定可以改掉这些缺点。她们一开始就把自己的婚姻当作赌注，谁知改造一个人岂是那么容易的，于是赌输了，婚姻也就宣告结束。

俗话说"熟人不讲理"，天底下最熟悉的人恐怕莫过于夫妻了，可也正是因为熟悉，也就忽视了对方的需求，说话时也不再注意表达方式，表露感情的时候也毫不掩饰，于是在无心之中伤及了对方，最终使两个人变成一对无法再在一起生活的冤家。

在婚姻中，女人普遍存在着这样一种心理，她们总是拿丈夫在婚前的表现来与婚后的表现进行对比，于是动辄就以此

为根据痛斥丈夫不再爱自己了。她们这样做的目的无非就是想从丈夫那里得到和婚前一样多的爱和关心。可是她们却忘了，再炙热的火焰也有熄灭的时候，而人生又怎会一直是高潮呢？何况在夫妻的共同生活中，如果你一味地让对方多付出，多给予，不但会让对方觉得不堪重负，自己也无法快乐起来。因为一个人的感情就像是银行，你往里面存多少钱就能取出多少钱来，有时候或许会多取出一些来，但那只是利息，不要有太高的期望。

一家国内的婚姻研究机构曾以对我国不同地区、不同民族的上千个家庭做了调查，结果发现，所谓婚姻中的"七年之痒"并不一定会在婚后的第七年里发生，而是一般都会出现在婚后的四年之内。对于这种现象，该机构的一名婚姻专家认为，这主要是由于实行计划生育以来，大多数的家庭只有一个孩子，于是当把性与生育分离开之后，夫妻双方对情感和性的要求就相对高了。过去那种为了儿女凑合过日子的心态也发生了改变，反而更加注重婚姻的质量，于是一些过去被忽略了的问题此时便显现了出来。

忘了曾在哪本书里看到过这样一段话：婚姻就像是一本书，第一章写的是诗篇，其余则是平淡的散文。有时候我们不

第四章　怎样成为幸福的女人

得不承认,婚姻之所以会出现危机,甚或到了危机四伏的地步,在很大程度上是由于我们把婚姻想象得太过于完美了。我们太想让婚姻这本书写满美丽的诗篇了,却忘了婚姻本来就是一种有缺憾的生活。

婚姻更多时候就像去逛商场,尽管里面的商品琳琅满目、花样繁多,我们也只能买自己需要的东西,而不能妄想把整个商场都搬到自己家里去,这才是实实在在的生活,要不然最后受伤的肯定是自己。

曾有人把婚姻分为这样四种：可恶的、可忍的、可过的和可意的。无疑,婚姻若到了可恶的地步,其质量的低劣程度显然已经到了是可忍孰不可忍的地步,只是那种可意的婚姻难道不正是我们经常说起的"神仙眷侣"吗？对于我们凡夫俗子来说,做神仙岂是只要想就能做到的事？毕竟神仙和我们隔了一层云彩,上面是高之又高的苍天,下面是无边无际的大海,仰起头望着倒是可以,想够却又怎么能够得着呢！

无可否认,我们大多数人的婚姻都属于可忍和可过范围之内的。或许也正是因为它的不完美和缺憾,很多人陷入了这样一种尴尬的境地,继续下去觉得不甘心,可若就此放弃又总有太多的牵绊,于是婚姻就成了他们心头上的一根刺,总有隐隐

的痛，却总是不能拔去。

在这个世界上并不存在十全十美的事物，鲜花美丽，却有凋谢的季节；月亮朦胧，却有盈缺的时候，其实，也许就是因为总或多或少会有残缺，才让人备感珍惜。因此，我们只有承认并接受婚姻中的那些残缺，才可以让自己变得快乐起来，也才会发现原来自己的婚姻并非如自己所认为的那么糟糕！

或许，每一个婚姻里面都有个坎，甚至不止是一个。随着相互之间了解得烂熟，再也挖掘不出什么新鲜感来的时候，岂止是只有在第七年的时候心才会痒？当两个人的感情落实到柴米油盐酱醋茶，生孩子、过日子上时，无论是爱情还是婚姻，就都成为了生活的一部分，而生活就是实实在在的。其实，婚姻中之所以会有类似"七年之痒"的状况出现，根本上是由于夫妻双方对对方和生活抱有不实际的幻觉，从这个层面上说，婚姻之痒的出现也并非完全是什么坏事，夫妻双方正好借这个契机，看到对方最真实的一面，也只有如此，才能重新建立一个新的、真实的关系，也许这个关系并非像之前的关系那么动人，但它更稳固、更牢靠、更有弹性，也更轻松自如。

这正如我一位多年的老友一次在跟妻子吵完架后，跑到我这里来躲清闲，我问他是不是"七年之痒"了？他笑笑说：

第四章　怎样成为幸福的女人

"夫妻之间吵吵架、闹闹矛盾是难免的，婚姻嘛，如果没有'痒'的话恐怕就只有'痛'了，更糟糕，还不如'痒'呢！其实，这就像刚买了一部新车，总要有磨合期吧，只有磨合得越好，开起来才会越顺手。"看着他一副"痒"并快乐着的表情，我本来要说几句劝慰他的话也显得多余了。确实也是，不是一首老歌里面唱"平平淡淡才是真"吗，生活本来就是以平淡为主旋律的，浪漫只能是偶尔的事，偶尔得就如同是马路上的车祸，要是一出门就出事，谁还敢出门啊！

从小学到高中，李媛都觉得自己是那种既不优秀也不漂亮的女孩，这种感觉一直持续到她在大学里与张强认识。那时她还是一个大二的学生，而张强已经工作一年多了。谈了两年恋爱，李媛大学一毕业，两人就结婚了。

婚后四个月，李媛发现自己怀孕了。当时李媛的工作刚有起色，所以不想要这个孩子。为此两个人激烈地争论了好几天，后来在李媛的坚持下，张强还是同意了。流产手术很顺利，李媛只休息了两个星期就又去上班了。尽管李媛知道，无论是老公还是公婆，都很想留下这个孩子，但他们在她面前没有表现出一丝的不满，这让李媛心里很感激。

幸福的女人

　　李媛觉得自己是天底下最幸福的女人。尽管丈夫工作很忙，但一直对她呵护有加，只要是她提出的要求都尽量满足，陪她逛街，时不时送花给她，就连她跟同事或朋友玩儿到很晚才回家，张强也毫无埋怨，惹得那些朋友、同事都羡慕不已。有时李媛让张强跟自己一起去玩一会儿，张强却说："我都工作这么多年了，早对你们玩的那些不感兴趣了，倒是你刚毕业，喜欢玩是再所难免的。"

　　后来，由于工作的原因，公司调李媛去另一个城市工作了一段时间。当她回到家里之后，发现丈夫有点和以前不一样了。之前她上下班都是丈夫开车接送，现在却让她自己骑车或赶公交车。这很让李媛难以接受，不止一次与丈夫争吵。对此张强说："假如有个人每天给你100块钱，偶尔有几天忘记给你，你就会生他的气；假如有个人每天抢你100块钱，偶尔有一天没来抢，你反而会感激他。"

　　李媛对于丈夫的这种解释很不以为然，她觉得自己之所以会感到生气，只是因为对丈夫有着太多的依赖，这种依赖并不是经济上的，而是精神上的。她决定自救。

第四章　怎样成为幸福的女人

于是，她利用周六周日的时间去上课。这个方法还挺奏效，他们没有时间再吵架了，她也不再因丈夫不开车接送她上下班而耿耿于怀了，两人之间的关系因此也有了不少的改善。

过了一年多，李媛又一次怀孕了，这一次是她与老公计划好的。或许是托孩子的福，在她怀孕这段时间里，丈夫又开始开车接送她上下班了。但李媛已经不再像以前那么缠人了，她定期自己去医院检查，也还像往常一样做家务。老公陪她一起报了一个产前培训班，看着他学习怎样抱孩子、怎样给孩子洗澡的那副认真样儿，她知道丈夫一定会是个好爸爸。

在孩子刚出生，李媛躺在床上不能动的那段时间里，除了喂奶，孩子都是由丈夫照顾的。李媛见丈夫太辛苦，就让他休息一下，而丈夫却说自己不辛苦，哪里比得上她生孩子辛苦。

李媛本以为孩子出生后，丈夫对自己会好些，两个人的关系也能向更好的方向发展，然而事实上却并非如此。月子结束后，两人要轮流带孩子，尤其是晚上，常常是丈夫带上半夜她带下半夜，为此两人经常互相埋怨，尤其是在孩子六七个月，李媛去上班之后，两人的争吵更频繁了，以至于最终形成了这

样一个恶性循环：李媛抱怨自己累，丈夫则抱怨自己上班总是迟到，后来李媛一在丈夫面前说累，丈夫就说："我一听你说累就一肚子火，你怎么就这么没用？"

有一阵子，李媛有了和张强离婚的念头，她粗略地算了一下，以自己目前的经济承受能力，在公司附近租个房子再请个保姆应该不成问题。于是，她决定为自己的婚姻再做最后的一次努力，她给丈夫写了一份信留在家里，在信里她写了自己最近的状态，并说希望两个人能抛开之前所有的不愉快，好好过日子。张强回到家里看到这封信后，就去找李媛，他们又和好了。

在以后的日子里，李媛努力调整自己，以适应丈夫的变化。她觉得丈夫其实还是一个好男人，肯做家务还肯带孩子，对父母和岳父母也很孝顺。一段时间之后，当李媛从抱怨的圈子里跳出来后，才发现丈夫原来那么辛苦。作为家里的长子，他心疼父母，还要为弟弟妹妹们的事操心，自己父母的事他也不能不管，另外尽管他的工作很忙，可还要帮自己带孩子。其实，丈夫比她有更多可以抱怨的理由，一直以来却很少抱怨。

李媛开始心疼自己的丈夫了。一天晚上下起了雨，张强加

第四章　怎样成为幸福的女人

班还没有回来。李媛知道丈夫没有带伞,而停车场离他们住的楼还有一段距离。她打电话给丈夫,问他什么时候到家,她到时去接他。可结果她忘了时间,当她拿着伞跑出门口的时候,丈夫也来到门口了。

不过丈夫还是很高兴,搂过她的肩说:我的老婆也知道心疼人了,真好!

下得厨房，上得厅堂

亦舒曾这样说："女人煲得一手靓汤，不愁没有出路。"确实是这样，尽管在现今这个社会，大多数女人都态度坚决地拒绝让自己成为一个"煮饭婆"，更不喜欢那厨房里呛人的油烟味和油腻的灶台，可是不能否认，在每个男人的内心深处，仍旧希望能有一个"上得厅堂，下得厨房"的妻子，这源于一种长久形成的传统观念，并不会由于女性的抵触而消失。男人

第四章　怎样成为幸福的女人

们都觉得,一个女人若热爱厨房,能为自己做出可口的饭菜,才是真正爱自己、爱家庭的女人,而且他们也会在吃着这些饭菜的同时,充分享受着妻子给自己带来的家的感觉。

很多妻子并不能接受丈夫的这种心理,觉得这是一种大男子主义的表现,因此据理力争地去和丈夫争取自己的权利,却并未意识到,这样做或许能让她们远离厨房的油烟味,可也有可能使她们的婚姻生活缺少了一种别样的幸福体验。

还有一些女人之所以要远离厨房,只是因为自己烧不出一道可口的饭菜来。这也难怪,从上小学一直到大学毕业,再到参加工作,然后到结婚为止,女人真的少有时间能静下心来学习一下如何做出可口的饭菜,当面对一个需要自己展现厨艺的丈夫未免就有拿不出手的感觉。可是每一个做妻子的女人都要清楚,自己的丈夫并不是想要一个手艺精湛的女厨师,而是想要一个能给他带来家的感觉的烟火女人,也就是说,饭菜可口与否倒是其次,重要的是去做。

在当今社会里,无论是男人还是女人都要为了生计而四处奔波忙碌,回到家之后都会备感疲惫,谁都懒得再去动手做饭,于是为了省事往往会叫两个便当上来,或是去外面的饭馆糊弄一顿,从而忽视了厨房——这个最能体现出家的味道的地方。

幸福的女人

在生活中有些人经常会犯这样一个错误，就是努力去做一件事，结果做着做着，到最后反而不记得当初为什么要去做这件事了。说出来或许会让很多人觉得不可思议，可是细究起来，这样的错误我们何尝未曾或者正在做着呢？我们为生计而四处奔波忙碌，不就是为了让自己过上幸福的生活吗？可是每天面对着一个冷锅冷灶的厨房，面对着一个丝毫没有家庭氛围的家，幸福又从何而来呢？的确，幸福需要一定的物质基础，如果说贫穷也会有幸福的话，那也只能是时过境迁之后的一种忆念，毕竟当面对"吃了上顿没下顿"的境况时，谁都不会眉开眼笑，但幸福也并不是钱可以买来的，即便有钱到可以天天去吃饭馆，也远不及回家后闻到厨房里飘出来的饭菜味更让人心里觉得踏实，因为那里面有一种实实在在的家的感觉，而吃饭馆只不过是为了填饱肚子，也就是说吃饭馆只是为了生存，而吃自己妻子做出来的饭菜却是一种享受。

因此，作为一个好妻子，下班回家后换上家居服、系上围裙去厨房里忙活一通，当丈夫奔波劳累一天一进家门就能闻到从厨房里飘出来的饭菜道，让他知道他心爱的妻子正在为他忙着准备晚餐，那时他心里的甜蜜感觉怎会是一个幸福能了得的呢！

第四章　怎样成为幸福的女人

厨房是女人的舞台

厨房是女人另一个不可或缺的舞台。如果一个女人一辈子都未曾在厨房里亮过相，不能不说是这个女人一生中一个很大的遗憾和缺失，这就如同做了一辈子女人，却没有过做母亲的体验一样。每一个幸福的家庭都离不开一个爱家庭、爱丈夫的妻子，同时这个妻子也必定是一个擅长厨艺的女人，因为每一个家庭的幸福生活都是从厨房开始的。

在古诗词中我们经常会看到这样的诗句，如"三日入厨下，洗手作羹汤""未谙姑食性，先遣小姑尝"等，由此可见，古时候一个女子若要成为一个好妻子，下厨房做饭菜是必须的，而且不光要在刚嫁到夫家的第三天早晨就要取下身上的那些环佩珠钗，亲自到厨房里去，还要为夫家长辈的口味而伤一下脑筋。

当然，现在的妻子早已无须再耍那种"未谙姑食性，先遣小姑尝"的小聪明了，也无须第三日就赶忙到厨下去烧汤做饭，何况有些妻子早已习惯颐指气使地指挥夫君去为自己烧汤做饭，而自己则站在一旁看着他屁颠屁颠地忙进忙出，心里感到无比的受用。只是这些妻子是否曾想过，也应该让自己的夫君体验一把这种无比受用的感觉呢？夫君深爱着自己，所以愿意忍受厨房里那份烟熏火燎的苦楚，而自己对于这个将陪伴自己一生的男人，又何尝不是深爱着呢！

或许还有些妻子会有这样的想法，在家里做饭实在太繁琐了，而且工作了一天身体已经很累了，还有厨房里的那股油烟味也让人受不了，还不如到外面去吃，花式又多，还不用自己动手，坐在那里等着吃就可以了。这样省事倒确实是省事了，可浪费不说，卫生也没的保障，毕竟不是吃到自己嘴里的

第四章　怎样成为幸福的女人

东西,人家怎么会比你弄得用心呢?何况在外面吃,久而久之你的脂肪必然会多一些,而健康则自然就少一些,到底还不如自家做的清粥小菜养人,何况还能在吃饭间营造出只属于两个人的亲密氛围。如在某个周末的清晨,为夫君煮一次枸杞粥,煎一个漂亮的荷包蛋,再烙一张葱花发面饼,这样的早餐虽简单,其间却透出无限的温存和爱意。

在生活中,尽管每个人的内心里都渴望那种怦然心动的美妙感觉,可话又说回来了,若一天到晚光怦然心动的话,恐怕或早或晚心脏要出问题,感觉肯定也不会再美妙到哪里去。何况在夫妻之间,随着对彼此日渐的了解,若要让心脏长久保持着一种怦怦跳的状态,也的确太难为人了些,例如丈夫第一次拿着一支玫瑰站在你门外,会让应声来开门的你欣喜若狂,可若四五年之后,丈夫即便捧九十九朵玫瑰站在门外也不会让你再有那股高兴劲儿了,十有八九你会在接过玫瑰的同时埋怨他太浪费了。事情就是这样,人生中能有一两次怦然心动的体验已属幸运,毕竟所有的绚丽多彩都只能是生命中的一种点缀,而不应该成为主要的色彩,不然光头晕目眩就够你受的了。这正如一首歌里面唱的那样,"所有繁华都只是路过",生活也只有平静、安定才会显得实实在在,也才是能长久的生活。

当然，若在这个层面上把婚姻生活定义为日复一日的重复，就未免悲观了些，这就如同做饭一样，同样是面粉，你可以把它做成馒头、面条，还可以包上馅做成包子或饺子，抑或拉长了炸成油条，只要你的厨艺足够用。从这个意义上说，一个女人若要成为一个好妻子，就离不开厨房这个舞台，这倒不是说女人要天天围着厨房转，而是要注意在繁忙的工作之余，收拾好心情，为家庭营造出一种家的温情来。

第四章　怎样成为幸福的女人

要抓住男人，先抓住他的胃

有时候想一想，两个人能从陌生到认识、相恋，并结伴在一起生活，然后一直走到生命的尽头，的确是一件很难得的事，之前曾隔着那么远的距离，隔着那么多人头攒动的人群，其后还要经历那么多的是是非非。可也正因为此，婚姻是两个人都须用一生去经营和呵护的事，自己好不容易打下的江山，岂可那么轻易就拱手让给他人呢？

幸福的女人

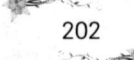

黑格尔在自己的美学著作中说，一个女人的一生都是为了爱情，或发展成为爱情……若她在爱情中受到了伤害，她的心灵之灯也就熄灭了。可是，在这个世界上，并不是你始终如一就也能保证别人不会变。那么，一个妻子又该如何使自己的丈夫对自己也始终如一呢？还是莎士比亚曾说过的那句话一语中的——"要想抓住一个男人的心，就得先抓住他的胃。"

无可否认，男人是一种食欲动物，在他们的体内潜伏着对食物的一种原始本能，因此一个不但会做饭，还能做出一桌可口饭菜的女人对男人的驾驭能力往往会很强。因为她们能做出让丈夫大快朵颐的美味饮食，而也正是这样的美味，使丈夫听从胃的召唤，从茫茫人海中赶回到家里来。或许她只是一个弱不禁风的女人，可当遭遇到第三者的挑战时，她的柔情与智慧往往会同那桌可口的饭菜一起，为自己的家庭筑起一道密不透风的防护墙，捍卫只属于她的领地……

试想一下，有哪一个男人不迷恋清晨妻子端到自己面前的那碗热气腾腾的汤面，两个煎得恰到好处的荷包蛋；哪个男人又能拒绝饭桌上那锅又好喝又有保健作用的靓汤的美味，和朋友客户吃饭回来后妻子端上的那一碗清茶的味道。男人从女人细致的体贴和用心中感受到精神上的放松和休息。这时，他会

第四章　怎样成为幸福的女人

为曾经在酒吧之类的地方花了冤枉钱这事，从心底里感到对不起妻子，暗暗发誓，以后再也不做那些荒唐事了。

有人说婚姻生活就是柴米油盐酱醋茶，听起来多少让人有些泄气，可却是每个幸福美满婚姻不能避开的事实。在这个世界上并不真正存在什么深不可测的事物，之所以会让人觉得艰难深奥，只是由于还并不是很了解。同样的道理，要想让自己的婚姻幸福也并不是一件多么困难的事，其实都是由那些极其平凡的日常生活存积起来的，并由此自然而然结出的果实。

我们每一个人都是凡夫俗子，既然无法过上不食人间烟火的神仙日子，那说到底也只是饮食男女，因此吃饭也就成了人生中的大事。何况，若果真把婚姻落到现实生活中的话，怕是有的人连饭都没得机会在一起吃。

我一哥们儿结婚都快五年了，吃饭问题至今还没能得以解决。一个星期的七天时间里，有五天一到吃饭的时间就各回各家各找各妈去了，哥们儿回自己父母家，他媳妇则回她父母家。只有到休息日的时候，两人才回到自己家一起做顿饭吃，谁知好景也没多长，夫妻俩都不肯洗碗，推来推去，最后干脆连休息日也回各自父母家解决吃饭问题去了。

闲下来几个哥们儿坐一起胡诌的时候，我们都取笑他和他

媳妇是露水夫妻，哪天说不定有一方在父母家酒足饭饱之后，就再也不想回自己的家了。那哥们儿眨巴着眼睛瞅我们，说我们都有孩子了。其实真不是使什么坏，起码从我这里来些说不是，两个人既然组织了家庭，还有了孩子，就应该让家更像一个家。饭桌上清淡却可口的饭菜，夫妻对面坐着时抬眼的会心一笑，身边小儿子咿咿呀呀着学语，米饭啊菜汤啊被他撒了满满一桌……我们都是凡夫俗子，怎么能少得了这俗世里最琐碎却温馨的满足与安宁呢？

我认识一位女士，彼此的关系一直不错。当她还是个女孩时，她住在我家隔壁，两人都结婚生子之后，又成了同事。记得很久以前，每当遇到什么烦心事都要哭天抹泪好几天，一见面，她的眼睛总是红红的，还动不动就说自己不想活了。可当结婚有了孩子之后，再遇到什么烦心事也很少哭了，更不要说有不想活的念头了，用她自己的话说就是因为有一个比自己更弱小的人喊自己妈妈了……前几天在午饭后，两人坐在一起闲聊时，她对我说不知为什么，现在一下班回到家之后就要到厨房去，当看着家里一大一小两个男人将自己端上桌的饭菜一扫

第四章 怎样成为幸福的女人

而空时,心里就特有成就感……

很为她能有这样的幸福体验而高兴,她也一定可以与自己心爱的人吃上五万顿饭,一直吃到白发苍苍。其实,爱情也罢,婚姻也罢,很多时候就像是饮食。一日三餐,顿顿要做,或许吃得时间长了,有人就忘了饮食的乐趣,而只剩下填饱肚子的功能了,可爱情和婚姻的高境界不正在于此吗?看似可有可无,却不知早已成为自己生命和生活中最不能缺的部分。

天底下那些可口的饭菜、永远好的胃口和所有幸福的婚姻一样,都是最值得去赞美的。

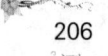

不要失去闺密

女人仿佛天生就是群居动物,离了人就会六神无主,于是她们逛街要有人陪,实在找不到女伴,就生拉硬拽自己的丈夫,尽管逛街这件事是她们最喜欢而丈夫最头疼的;吃饭要有人一起吃,不然就没胃口;晚上不敢自己一个人睡觉,不然真能眨巴着两只眼睛一直到天亮,就连上个厕所,也要搭个伴儿才可以。

第四章　怎样成为幸福的女人

显然，女人是最怕孤独这种感觉的。这令很多男人大为不解，他们有时候都有些疑惑：妻子和自己结婚，是不是只是为了能长期有个伴儿和她一起过生活？这一观点对错与否无须争辩，就算正确也无可厚非。其实，男女之间由于各种差异，对于婚姻的认识在一定程度上原本就是有所不同的。所谓"伴侣"，女人更看重的是"伴"，而男人更钟情的则是"侣"。因此，女人在考虑要不要和一个男人结婚的时候，常常更注重这个男人是不是稳重、可靠，值不值得自己去信任，能不能给自己一种依赖感和归宿感；男人在考虑要不要娶一个女人的时候，往往更在意这个女人的相貌是不是端庄、秀美，身材够不够惹火，合不合自己的胃口，能不能带给自己一种家的感觉。这就是为什么在恋爱的时候，无论一个多懒惰的男人，都会变得热爱劳动起来，规规矩矩地站在约好的地点等着女友的到来，而无论一个多邋遢的女人，都要赖在镜子前面把自己精心装扮一番，然后才翩然前去赴约。

或许因为从小到大都是独生子女的关系，为了弥补这一缺憾，每一个女孩都会有三四个"闺中密友"，她们曾一起去逛街，一起去喝茶，一起摸着一条裙子发表半天意见，一起去看掉牙的话剧，还曾一人手里拿着一支麦当劳甜筒横排着走在

大街上。可是当有一天，女孩成为了女人，为人妻、为人母之后，是不是就可以忽略了与"闺中密友"的交往了呢？

一家婚姻研究机构不久前做了一个调查，调查显示，有接近四分之一的已婚妇女希望可以不带丈夫和孩子外出度假，另有一半以上的已婚妇女认为，丈夫应该放心地让妻子晚上跟同性的朋友外出。调查还显示，一个女人的年纪越轻、学历越高，就越珍视和自己闺中密友交往的自由，她们认为："我爱我的家庭，但这并不代表我不需要有自己的朋友圈。"

在每一个女人的头顶上都有一方天空，丈夫也许是她天空里的太阳，但这并不意味着这方天空里只有太阳就可以了，还需要有几朵洁白的云彩，不然老在太阳底下晒着，早晚会被晒焦了；还需要有朦胧的月色和满天的星斗，不然光有白天没有黑夜，日子也太单调了些。女人的闺中密友就如同是她天空里的云彩、月色和星斗，和她们在一起，谈一谈彼此的近况，互相参谋一下如何驾驭自己的老公，交流一下育儿经验，心里总是甜滋滋的。

纪伯伦曾说："朋友能满足你的需要。朋友是你的土地，你怀着爱而播种、收获，就会从中得到粮食、柴草。"而在一个女人的生命里，如果失去了友谊，就会像一块儿许久没得到

第四章　怎样成为幸福的女人

灌溉的土地,即便再肥沃,也会龟裂成荒漠,无论是她铅华洗尽抑或儿孙满堂。

人与落不明人之间的沟通,可以让人很快地成长。友谊是心灵的沟通、是情感的交流,是友人间无私的关怀,是热情的鼓励。当一方处在黯然神伤的日子里,会有友人那熟悉的旋律缭绕于耳边,给你自信;当一方遇到感情危机时,向挚友的一席倾诉可以使你得到疏导。友人会为你分担忧愁与烦恼,与你分享快乐与喜悦。当你思绪纷乱错杂、一筹莫展时,友人与你的促膝长谈会使你摆脱杂乱无章的思绪,"一语惊醒梦中人"。

可以说,在女人的一生中可以省略很多风景,但唯独不能没有女伴,无论过去还是现在。过去很多女子看破了红尘就出家为尼,可尼姑庵里不是还有很多和她命运相仿的女人嘛,闲下来可以互相诉说一下,即便到了深山老林里,实在寂寞得不行,不是还可以度一个女的为徒吗!而到了现在,尽管很多女性都在寻求独立和自由,不再让自己像个怨妇似的,整日里守着一间空房子等待远方的丈夫能早点归来,而是去开创属于自己的事业,让丈夫也去体验一把独守空房的滋味,更有些女性出于人道主义的考虑,自己既不想独守空房,也不想让某个男人去独守空房,于是毅然选择单身。可是放眼望去,一个女人

无论多么独立，对同性朋友之间的友谊还是相当执着的。

或许很多男人永远都不会搞得懂女人之间的这种友谊，他们也不清楚为什么女人会对同性产生信任和依赖的感情，他们觉得这样的感觉应该是他们给予女人的才对。就像有些男人永远也弄不明白，女人为什么总是拿一些鸡毛蒜皮的事来烦自己，于是他们大多只是轻描淡写地应付过去了事，顶多也只是装着很关心的样子说几句同情的话。可是同样的话题女人若说给自己的闺中密友时，就会发现她们不但能够理解和体会自己的所有悲喜，还能给予最贴近的关怀和帮助。何况当女人与自己的闺中密友相聚时，总会想起之前一起走过的那段最风光和最难忘的岁月，那时曾一起高兴，一起哭泣，一起幻想着长大之后的日子。

加拿大一位女诗人写道："儿子们枝节横生，然而一个女人只延伸为另一个女人，最终我理解了你。通过你的女儿，我的母亲，她的姐妹以及通过我自己。"这或许就是对女人之间的友谊的最好诠释。

经常会看到这样一些女人，每当密友打电话约她们出去逛街或喝茶时，总是说："哎呀，这几天太忙了，抽不出时间来，改天吧！"可是等过几天再打过去，得到的回答还是一

第四章　怎样成为幸福的女人

样。忙。谁不忙呢？当爱情落实到柴米油盐酱醋茶这七件事上的时候，生活也就成了一地的鸡毛，总是显得那么琐碎又没有尽头，你也总是在忙完这件事后再去忙那件事。可也正是因此，就更不能丢掉了与密友之间的那份友情，且不说那里面有你们太多美好的回忆，就是现在，当你在生活中遇到麻烦和困扰的时候，作为异性的丈夫并不能理解你的苦衷，也需要和密友倾诉一番才是。有时候必须承认，作为一个女人，密友之间的关心、帮助、体贴胜过兄妹，甚至是夫妻。

其实，与密友之间保持着友谊，不只是一种感情上的交往和交流，还是生活的重要扩充。毕竟一个人的生活环境和内容都会有一定的局限性，经历也有所不同，因此就会限制了自己的视线和心胸，从而让自己变得狭小而浅薄，尤其是对于一些结了婚之后，就把友谊放在一边，甚至抛得一干二净的女人来说。

有一句俗话说，女人头发长见识短。相信这句话引起了相当多女人的不满，认为这是对全体女性的一种诬蔑。女人的头发诚然是要比男人长些，可见识怎么就一定比男人短呢？头发和见识没有必然的联系。话或许是有些以偏概全了，可是平心静气来考虑，为什么会有那么一小撮男人认为女人头发长见识就一定短呢？想来都是由于一些女性把自己整个的心思都用在

幸福的女人

了爱情与家庭上,而家庭里的那些琐事又像头上的发丝一样,束缚了她们的手脚,使她们关闭了与外界沟通和交流的大门,这就是为什么职业女性都不大喜欢留一头长发,即便头发长也要绾成发髻,以一种清爽、干练的形象给自己,也给他人。

在很多家庭中,夫妻之间之所以会产生思想上的隔阂和差距,大多是由于一方跟不上另一方的改变。这就如同赛跑,一开始是处在同一起跑线上的,可后来跑着跑着距离就拉大了。相对于女性而言,不同于男人,有着广泛的兴趣,注重对外部世界的关注,也具有探索和冒险精神,她们更容易局限在一个狭小的圈子,尤其是爱情和家庭,这会让她们觉得有安全感。可也正是由于此,使她们的生活和胸怀一天比一天狭小,与丈夫之间的差距也就越来越大。很多家庭的悲剧就是这样产生的,只是在悲剧发生之前,很多女人并不以为然,她们情不自禁地沉湎在小家庭的欢乐中,津津乐道地忙着过那份幸福的小日子。当悲剧发生之后,很多女人还是未能意识到之所以会有这样的结果,完全是由于她们与丈夫之间的差距越来越大的缘故。很多女人经常犯这样一个错误,以为只要专注于自己的爱情,负起家庭的责任,就能守住现有的生活,就能看牢自己的幸福。可事情却偏偏不会往她们所期望的方向发展,生活也

第四章　怎样成为幸福的女人

不是看得牢、守得住。生活是在变化着的，因此也就需要不断加以丰富，不断加以更新。若只是抱着一成不变的心态去"看"、去"守"，只能使生活越加过得平庸而乏味，家庭的内容与生命也必将趋于萎缩。

在每一个女人的生命中，爱情和家庭诚然是她最主要的旋律，但还是不能缺少朋友的陪伴，只有这样才能保持自己的情趣，保持个人的爱好，才能使自己的生活更加有色彩，也才能把爱情和婚姻保持得长久。

真正的友谊是无所求的，它不依靠事业、祸福和身份，不依靠经历、方位和处境，它在本性上拒绝功利，拒绝归属，拒绝契约，它是独立人格之间的互相呼应和确认。

很多人认为，女人之间的友谊是短暂而脆弱的，尤其是当命运中的那个男人出现之后。事实上确实是这样吗？诚然，相对于大多数女性来说，当她们有了家庭之后，就会渐渐疏远与之前闺中密友的交往和联系，把整个身心都用在家庭上。这不能不说是她们人生中的一大缺失，很多案例证明，让女人最放松、最舒适的减压方式，莫过于向同性好友倾诉。

刘娟今年27岁，是一家出版社的编辑。她始终无法容忍女性的妒忌和小气，尽管她也是个女人。她觉得自己不需要什么

亲密的同性朋友，而只需要一个伴侣。她一直认为，多一个同性"密友"，只不过意味着有人会在图书馆里替你占座儿；教授点名儿的时候能替逃课的你应一声"到"……可作为回报，你也须为她做上述的事情，或许更多，比如借自己的新裙子给她去参加舞会。

可当经历过工作、结婚、生育后，这些她从未经历过的事情也给她增添了许多从未有过的烦恼和困惑，只是当她把这些讲给丈夫听的时候，丈夫只是轻描淡写地把她打发过去了事。可是当她试着去与身边的一些女性交往时，却惊奇地发现，和她们在一起有着许多共同的话题，而对于她的烦恼和困惑，她们也总能予以理解和关怀，有时还会为她排忧解难。

现在，刘娟最好的女性朋友是和她同一单位的同事，两个人对婚姻中的很多问题总是有着一致的看法，遇到烦恼和困惑也彼此倾诉一番。基本上，两个人每周都要约会一次，或许是去逛商场，或许是坐在咖啡屋里聊天。两人都说好了，不准拖家带口。

在西蒙娜·波伏娃所著的《第二性》一书中有这样一段话：正是由于女性之间的相互理解，才能使彼此之间的沟通更

第四章　怎样成为幸福的女人

开放、更顺畅,并且能够给予对方同等的回馈。在《欲望都市》这部电影中,四个性格敏感、独立的女性在尝试过无数次失败的恋爱后发现,只有她们四个在一起,才能感受到女性之于女性那真实、放松的一面。

当女性差不多要被工作、家庭、孩子淹没掉整个的生命时,寻求精神上的自我成为了每一个女性内在的需求,于是,女人之间的友谊也就显得更加重要了。

美国心理学家开瑞·米勒博士在一次调查报告中这样讲道:"87%的已婚女人和95%的单身女人认为,同性朋友之间的情谊是生命中最快乐、最满足的部分,为她们带来一种无形的支持力。"

既然对于女人来说,保持着同性朋友之间的友谊如此重要,那么,该如何"保鲜"自己与密友之间的友谊,不但不使其破裂,反而历久弥新呢?你可以从以下几点做起:

(1)让友人感觉到你真正欣赏她。不要在意别人是否喜欢你,你要一心一意地对待友人,并真诚表达欣赏与喜欢,传达给她你的立场。

(2)不吝惜赞美。毫不吝惜地赞扬她,并鼓励她上进。她获得进步与成功,你也会感觉到快乐。

（3）体贴朋友。你们彼此交往的过程中，难免会有冲突，会陷入尴尬境地，这时，不妨退一步，及时为她面子上增添些光彩，她会更加感激你的体贴与理解。

（4）求同存异。你们的经历、教育程度、成长环境都不尽相同，必然存在一定的差距，这种差距不应该成为友谊路上的"拦路虎"。意见不一致时，适当地辩解，但不要偏激，求大同，存小异。

第四章　怎样成为幸福的女人

处理好婆媳关系

一些准新娘在走上婚姻的红地毯之前，总会向未婚夫问这样一个问题，她们想通过这个问题来检验对方对自己是不是真心，婚后自己会不会受婆婆的气。这个问题就是："假设你妈妈和我都不会游泳，一次，你妈妈和我同时落水，你会先救你妈还是我呢？"

生性憨厚些的未婚夫，往往会在一番慎重考虑之后，回

答说两人都救。如果准新娘并不满意，依旧不依不饶地继续追问，他们通常就会低下头去，不再发一言。确实也是，一边是生养自己含辛茹苦的母亲，一边是自己深爱着并要共度一生的心上人，到底作何选择，不伤脑筋才怪呢！若遇到脑筋灵活些的未婚夫，则会毫不犹豫地说："那还用问，当然是先救你了。"尽管他们心里也许会想先救你才怪呢，我自己都不会游泳。

　　记得我和妻子准备结婚的时候，身边的几个哥们儿都说我俩都快傻得冒泡了，一哥们儿还以一副死也琢磨不明白的神情对我俩说："就这样多好，干吗非要结婚，要是哪天觉得不合适了要分开，还得去趟民政局，多麻烦……"结果当然不言而喻了，我俩就在这小子还没琢磨明白过来的时候把他打了个半死。打完后妻子还怒气未消，恶狠狠地指着躺在地上的我那哥们儿说："你爸和你妈要是老结婚，能有你？"我就喜欢妻子这一点，必要的时候够泼够辣。

　　不过话又说回来，结婚还真需要两个人犯些傻气，且不说那些为了女方提出的这个问题而伤了半天脑筋的男的，就是提出这样问题的女人也是傻到冒泡了。这种百年都难得一遇的状

第四章　怎样成为幸福的女人

况发生过几起？根本就无法得以验证的话，明摆着是谎话，就是说得能让你满心高兴，也不是空欢喜吗！可实际情况是，很多准新娘还就喜欢问这些傻问题，并乐此不疲。由此可见，两个人不是傻到了一定的程度，还真不会想到去结婚。

但凡结婚后的女人，都会在婚姻生活中慢慢发现：当初结婚的时候，自己原本只是嫁给一个人的，可是后来越来越觉得自己好像是嫁给了一家人。且不说要和丈夫的兄弟姐妹处好关系，毕竟现在不像过去那样一大家子住在一个院子里面，就是他的那些姑舅叔姨也要都照顾到才能使闲话少些，而比这更令女人感到头疼的是如何与婆婆相处？的确，现今婆媳之间的关系似乎已超越了夫妻两人感情的好坏而直接决定着婚姻的起落。

第一位妻子是一位教师，结婚已有十年了，丈夫一直对她体贴照顾，夫妻感情很好。只是每当和婆婆有分歧时，丈夫总是说"那是我妈，我不能顶嘴"。为此，两人经常吵得不可开交。后来为这事吵的次数多了，时间久了，二人都觉得生活挺没意思的。

第二位妻子先后几次撞见丈夫背着自己给婆婆钱。这很令她气愤，她觉得丈夫即便要给婆婆钱，也该先和自己商量一

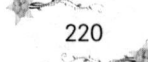

下；丈夫则认为母亲把自己养这么大，还要替自己照顾孩子，给点钱是应该的，背着妻子只是为了让她眼不见心不烦而已。为此两人没少吵过架，有几次丈夫还警告她说：要是老为这种小事争吵，还不如分开过好。

第三位妻子已接近不惑之年，与婆婆共同生活12年之久，而婆婆恰恰是那种特别爱挑拨是非的人，这给她的心理造成了极大的压力，身体也越来越坏，以至胃、肾、心脏都有毛病。最后，她的婚姻已到了崩溃的边缘，后来干脆闹离婚，去了法院，法院认为夫妻两人的感情没有破裂，一些家庭琐事不足以构成离婚，驳回了起诉，婚离不成，婆婆又不接纳她回去，孩子有病住院，她往婆婆家打电话，婆婆家的人又不让丈夫接电话，她的处境确实很艰难。

在这个世界上，从来就没有无缘无故的爱，也没有无缘无故的恨，婆媳关系处不好肯定有婆婆的许多不是，可是作为儿媳的你，难道就没有什么不对的地方吗？俗话说"一个巴掌拍不响"，作为儿媳的你是否从未曾站在婆婆的立场上看待过问题？你是否一直在逼着丈夫在他母亲与你之间做出选择？就像结婚前追问丈夫你和他母亲同时落水后他会先救谁一样？

第四章 怎样成为幸福的女人

小叶的丈夫是婆家的独子，两人刚结婚没多久，虽然在外面买了自己的房子，可婆婆还是找出各种各样的理由阻止两人搬过去住，而让他们和自己住在一起。婆婆年纪大了，公公去世得早，婆婆含辛茹苦地把丈夫拉扯这么大，两个人要是搬出去住了，万一婆婆有个头疼脑热的，谁来照顾呢？想到此，小叶也就不再提搬出去的话了，安心地和婆婆住在了一起。

可是没过多久，小叶就感觉出不对劲来了。她和丈夫还属于新婚燕尔，下班后小两口多是躲在自己的小屋里叽叽咕咕、卿卿我我一番，这本来是很正常的事。可小叶发现，婆婆有事没事总爱"光顾"自己的小屋，开始是借口给花浇水，继而连借口也不再找了，进来一屁股坐在床上拉起丈夫的手就没完没了地说东道西。再后来不再来光顾了，却每天都要丈夫到她的房间去，说是最近有些头疼，要四十分钟掐一次。丈夫不明就里，听说母亲头疼要时不时地掐，自然不敢怠慢。开始时，丈夫还会在掐完头后回来跟小叶说会儿话，后来连回来也不回来了，只可怜了小叶，独自一个人守着空房。

这样下去可不行，但又该怎么办呢？小叶眉头一皱，想出了一个好主意：每天晚饭过后，她就一手拉着丈夫一手拉着

婆婆坐在客厅里看电视，后来还跟丈夫一起报了一个晚上补课的电脑班。就这样，几个月下来婆婆已经习惯了与儿子分开的情况，当小两口再躲进小屋去说悄悄话时，婆婆也很少来打扰了，也不再说自己头疼了。

一天，小叶向丈夫坦白了自己耍的小手段，丈夫听了不但没生气，还直夸她"足智多谋"。

婆婆经受了十月怀胎的痛苦，把儿子生了下来，又一把屎一把尿地把他养育成人，现在你正大光明地走过来，要从她手里把"班"接过来，这就无异于她辛苦一辈子攒了一笔钱，现在你不光要不付任何利息地把钱从她手里夺过来拿走，还是有借无还，你想她如何会心甘情愿呢？你必须要明白，在你婆婆眼里你的丈夫永远是她的"私有财产"。因为在她的意识中，儿子是她生的，因此就应该把她放在首位。若当她看到丈夫对你关爱多一些的时候，她在心理上就会失衡。

慈爱的婆婆虽也有这样的失衡心理，但看到儿子和你亲热时，会识趣地躲出去，给你们单独相处的机会，但你必须要明白，她这样做并非是情愿的，也并非是为了你，而是为了让自己的儿子高兴。若遇上一个粗俗点的婆婆，她会把你和丈夫之间的亲热当作是向她的示威行为，于是她便霸道地坐在你们中

第四章　怎样成为幸福的女人

间,没话找话地跟你丈夫喋喋不休,而把你抛在一边。

这时的你,实在应该像小叶一样,动一动脑筋。你必须要明白婆婆为何要在你和丈夫亲密的时候制造些小麻烦,其实,是因为她觉得你霸占了她的儿子,所以才事事都和你对着干。因此,为了家庭的和睦,在和丈夫交流的时候要隐蔽一些,下班回家让丈夫去和婆婆坐一会儿。当三人同在一起的时候,你和丈夫不要勾肩搭背地坐在一起,否则会使婆婆觉得你是在赶她走。总之,你必须要让婆婆体会到你丈夫很珍重她,并未因娶了老婆,就把她抛到一边去了。

婆婆面前，多给丈夫面子

本来，夫妻之间到底谁说了算，都是周瑜打黄盖，一个愿打一个愿挨，没什么大不了的，甚至一些性格孱弱的丈夫成为妻子的应声虫，也没什么大不了的。可是在婆婆面前作为儿媳妇的你可要当心点了，那些你和丈夫在一起形成的习惯，在这时最好不要表现出来。比如你坐在家里客厅的沙发上，支使丈夫倒一杯茶给自己，或让丈夫给自己揉揉肩捶捶背；当着婆婆

第四章　怎样成为幸福的女人

的面责备丈夫对人对事太过于软弱，或者善意地奚落丈夫某个方面的笨拙；对丈夫的零用钱加以严格地控制……

不要以为这些只是夫妻之间的正常事，在一旁的婆婆可早就听不顺耳也看不下去了，她会觉得你这是在虐待她的儿子，她会想：我辛辛苦苦把儿子养大，都舍不得这样使唤，你倒是一点都不心疼，想让他干什么就让他去干什么；我的儿子怎么就软弱了，我这个做母亲的怎么就一点儿也没发现；从小到大我就没让他缺过钱花，现在娶了你，你倒刻薄起我儿子来了……斯文一点的婆婆，或许不会当场就发作，而会在背后教导你的丈夫要学会"反抗"，脾气直的婆婆当时就会跟你明刀明枪地来：今天你不是收走了我儿子的零用钱吗，那我明天就跟你要家用钱或养老费，并当着你的面把它给我儿子当零用钱……

必须要明白，在婆婆的眼里你的丈夫是她含辛茹苦养大的儿子，无论她多溺爱或者责骂你丈夫，随时支使你丈夫去做许多他不想去做的事，她都会觉得这是理所当然的，而要是换作是你的话，她就会受不了。对于这些作为儿媳妇的你，大可不必觉得难堪或忍受不了，因为总有一天你也会成为另一个年轻女人的婆婆，到那时你就能体会到你婆婆现在的心理了。

一个好妻子，就应该避免使丈夫夹在自己和婆婆之间左右

为难。或许有的妻子会说，哪里是我让丈夫夹在婆婆和我中间难以做人，实在是婆婆老和我作对。在这里要重申一点，没有一个人是天生下来就是为了和你作对的，你的婆婆更不会是。其实，从你进入这个家的时候，你婆婆就已经把你当作她的儿媳妇了，只是她心目中的儿媳妇应该是温柔、顺从的，不会在家里颐指气使地指挥她的儿子忙完这个去做那个。因此，即便你真的把婆婆当成是自己的亲妈，也不要什么都不避着。夫妻间的事情最好在私下里搞定，而在婆婆面前决不对丈夫指手画脚。相反，还要做出贤德的样子来，当着婆婆的面给丈夫端杯茶啦，洗洗衣服什么的，背后让他给你洗脚也无妨。

第四章　怎样成为幸福的女人

多和婆婆交流

　　人都说女人是一部书,而你婆婆作为一个老女人,将是一部多厚的书呢!或许,你对你婆婆这部书并不感兴趣,但若能让婆婆在滔滔不绝地讲述她曾经的事情时,也使她在不知不觉中将心扉向你打开,就算会备受煎熬,又何妨呢?当然,也有的老人不喜欢提起自己过去的事,觉得那只是陈芝麻烂谷子,根本不值一提,那你也可以找些别的话题,比如谈谈自己的工作，谈谈自己在生活中遇到的烦恼啦什么的，也让她了解你、理解你。另外，你还可以讲些小笑话或小幽默给她听，让她觉得你和她的心是贴在一起的，从而消除两人之前所产生的误会，使你在婆婆心目中的好形象得到进一步的巩固发展。

俗话说"伸手不打笑脸客"，你要想使婆婆对自己的挑剔少些，嘴巴上就要多抹些蜜。当然，需要注意的是切不可把赞美当作了奉承，赞美是对存在的事实进行夸奖，是诚心的，而奉承则是夸大优点甚或编造优点，这样很容易被阅历丰富的婆婆一眼识破，结果不但不能收到想要的效果，还会使婆婆心生厌恶，最终适得其反。比如你婆婆是个老封建，可你却弄一件太过花哨的衣服往她身上穿，并说她穿上显得多么年轻，十有八九她不但不会买账，甚而还会不悦，致使你的一片苦心白白浪费了。因此，平时要主动并善于去寻找婆婆身上的优点，并给予及时的赞美。比如"妈做的饭菜真香，每次我都忍不住要多吃"，"妈，你穿上这身衣服真好看"，"妈说得太对了，我也开始这样觉得"等等，不要轻视这些看似不经意的赞美之词，它们会使你婆婆高兴得眉开眼笑，逢人就夸自己有一个多么懂事、贤惠的儿媳妇。

另外，不要当着众人的面或直接指出婆婆的缺点和错误，

第四章 怎样成为幸福的女人

这样会使她觉得自己的长辈身份受到了侵犯，很失颜面，于是势必要和你据理力争，从而导致婆媳关系的急剧恶化。当然，同生活在一个屋檐下，锅那有不碰到碗的时候呢，婆媳之间争吵几句是难免的。不过这时一定要掌握好分寸，不要因为自己一时情绪上的激动而影响了理智，说出太过于伤人的话来。争吵之后，不要逢人就说，想以此让他人给作出一个公正的评判，俗话说"清官难断家务事"，他人不但不能帮你把问题解决了，还会把你的"家丑"继续向外传播，从而使婆婆觉得你这是在拿他人去逼她就范，这时她即便觉出自己有错了，也会死背着牛头不认账，婆媳之间的积怨也就因此积得更深了。

因此，在争吵过后，要冷静地思考一下，即便当真觉得自己没什么错的地方，也最好主动向婆婆承认"错误"，让婆婆有台阶可下。如果觉得当面道歉说不出口，不妨在行动上表示歉意，比如多给她一些关照，让她能够顺得下气来。面对这种情况，就算有再大的火气，婆婆也不会再计较，毕竟她是长辈，也不会再为难自己的儿媳妇了。